AF601613

Massimiliano Kolosimo

IL LIBRO GROSSO

Dialoghi onirici con i Tarocchi

IL LIBRO GROSSO
DIALOGHI ONIRICI CON I TAROCCHI
di Massimiliano Kolosimo
prima edizione: settembre 2023

Edizioni Clandestine
Via Fabio Filzi, 3
Cinisello B. - Milano - 20092
340.9481047
www.edizioniclandestine.it

Edizioni Clandestine è un marchio di proprietà del Gruppo Editoriale Santelli
www.grupposantelli.it

A Cipollina

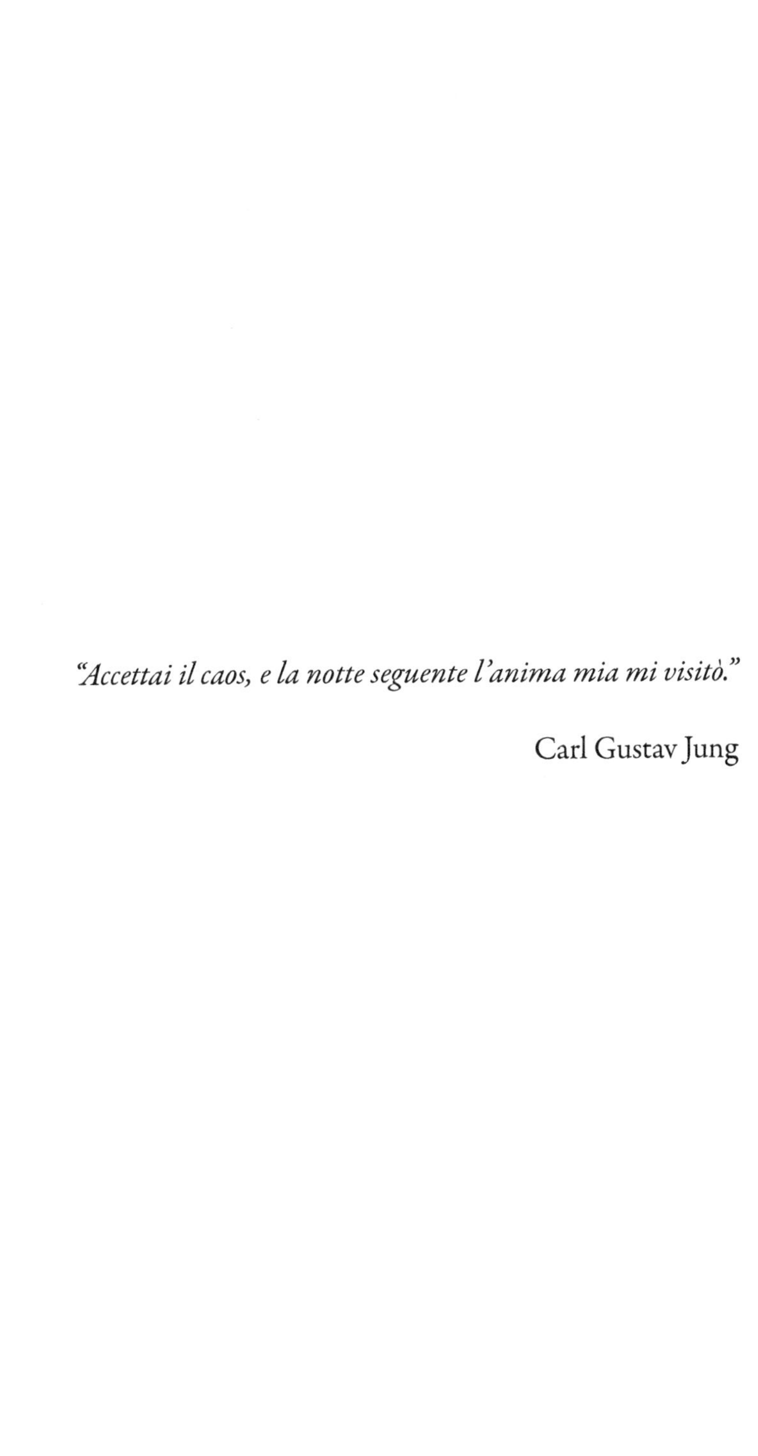

“Accettai il caos, e la notte seguente l’anima mia mi visitò.”

Carl Gustav Jung

INTRODUZIONE

Questo mio *Libro Grosso* si pone tanti ambiziosi obiettivi, e rischia di fallirli tutti. Mettiamola allora così: il Libro Grosso è soprattutto un grandioso esperimento personale. Chi potrebbe mai contestare un'opera puramente sperimentale? Quale critico senza cuore si prenderebbe mai gioco di un neonato nella culla?

Il Libro Grosso nasce come personale omaggio al *Libro Rosso* di Carl Gustav Jung, il più grande — neanche saprei come definirlo: psichiatra? psicoanalista? filosofo? scienziato? alchimista? — di tutti i tempi.

Il *Libro Rosso* è l'opera più intima di Jung e cristallizza il suo impressionante dialogo con l'Inconscio. In quelle pagine, originariamente scritte a mano e corredate dai suoi disegni, Jung dialoga con le proprie immagini interiori, attraverso una particolare tecnica da lui messa a punto: l'immaginazione attiva.

Tremo all'idea di calpestare una mina tentando di raccontare l'opera di Jung ai tanti, troppi, che non lo conoscono e nemmeno oso descrivere la pratica dell'immaginazione attiva. Basti dire che anche io ho condotto un esperimento simile al *Libro Rosso*: ho riportato i miei dialoghi interiori, interagendo però con le immagini dei Tarocchi, in base a una tecnica di mia invenzione che unisce gli

Arcani Maggiori e il mondo del sogno. Con questa tecnica, denominata OniroTarologia, cerco di tradurre i sogni con le immagini dei Tarocchi, non estraendoli come in una pratica cartomantica, ma selezionando gli Arcani Maggiori che meglio rappresentano e condensano i personaggi e le situazioni oniriche. A questa tecnica ho dedicato un libro cui rimando nelle note,[1] ma ne riporterò una descrizione sintetica come appendice.

Non intendo, però, in questa sede focalizzarmi sugli aspetti metodologici dell'OniroTarologia, piuttosto ne renderò tangibili i benefici personali: se è vero che sogni e Tarocchi parlano lo stesso linguaggio, quello del simbolo, delle immagini archetipiche e delle metafore, è possibile immergersi nell'interpretazione di un sogno attraverso queste immagini eterne e universali che ci fanno da guida. Una volta che avremo per così dire "decodificato" un sogno con una sequenza di Arcani Maggiori, potremo meglio cogliere le trame nascoste e il significato profondo di un sogno sfruttando questo comune alfabeto.

Ciò che ho scoperto, ed è l'idea basilare di questo libro, è quanto sia potente innescare un dialogo — e parlo proprio di un dialogo a voce alta — con i Tarocchi, reimmergendosi in loro compagnia nel sogno.

Leggendo il *Libro Rosso* di Jung si può solo accarezzare l'indescrivibile potenzialità di arricchimento per la propria coscienza che deriva dal dialogo con le immagini che sgorgano dall'Inconscio; ma è solo *scrivendo* il proprio *Libro Rosso* che si può vivere sulla propria pelle l'esperienza e l'insegnamento di Jung. Mi perdoneranno i puristi junghiani se riformulo a mio modo questo avvertimento contenuto nel *Libro Rosso*, originariamente rivolto ai Cristiani: «dovete essere lui stesso, non junghiani ma Jung,

1 M. Colosimo, *L'interpretazione dei Sogni con i Tarocchi*, Cerchio della Luna, Verona, 2013.

altrimenti non siete pronti per il Dio che verrà»[2]. Intendo dire che è la sperimentazione diretta di un dialogo reale e spontaneo con le immagini interiori a facilitare l'avvento di quell'entità numinosa che è il Sé, la nostra totalità psichica.

Fin da adolescente, da quando ebbi il mio primo sogno lucido,[3] mi sono dedicato allo studio dei sogni e della loro interpretazione. Studiando Carl Gustav Jung, Marie-Louise Von Franz e James Hillman ho appreso l'importanza del simbolo e le modalità con cui approcciare l'interpretazione di un sogno. Sull'importanza delle tecniche Jung è stato chiaro: è utile padroneggiarle e aver studiato tanti libri e diversi autori, ma poi, nel caso concreto, dobbiamo dimenticare tutto e affidarci al tocco dell'anima; non esiste cioè una tecnica infallibile e valida per tutti per elaborare un sogno, ognuno di noi deve sviluppare una propria personale strada. Vi assicuro che il dialogo è la tecnica più potente per dissotterrare i tesori nascosti nei sogni. Perlomeno, questa è stata la mia esperienza personale, facilitata dalle immagini per me familiari dei Tarocchi come intermediarie del mio dialogo interiore.

Il dialogo come via regia per la comprensione del sogno

Ogni volta che introduco i miei corsi sull'OniroTarologia amo citare un aforisma contenuto nel Talmud a proposito dell'importanza dell'interpretazione dei sogni: «Un sogno non interpretato è come una lettera non letta»[4]. Di conseguenza, spiego

---

2 «Dovete essere lui stesso, non cristiani ma cristi, altrimenti non siete pronti per il Dio che verrà.» (C.G. Jung, *Il Libro Rosso*, Bollati Boringhieri, 2010, p. 24).

3 Una tipologia di sogno in cui si ha consapevolezza di star sognando.

4 *Berakhòt*, foglio 55a.

l'importanza di dotarsi di una propria casella postale, in modo che ogni notte il postino onirico sappia dove consegnare la propria lettera: equivale a prestare interesse al mondo dei sogni, ciò che sblocca il ricordo del sogno anche per chi afferma, erroneamente, di non sognare mai. Successivamente, suggerisco di trascrivere i propri sogni in un diario e di rileggerli regolarmente: corrisponde al leggere le lettere del mittente onirico. Provare a comprendere il significato delle lettere è la vera sfida, perché sono scritte in un linguaggio dimenticato fatto di simboli e metafore; qui entra in ballo la capacità pratica di lavorare sui sogni e fare ricorso alle più svariate metodologie di interpretazione dei sogni, fermo restando l'avvertimento di Jung sull'importanza relativa delle tecniche. In conclusione, invito le persone a trascrivere ciò che hanno appreso dal sogno, preferibilmente assegnandosi dei compiti di carattere simbolico da portare a termine nella realtà, in coerenza con il messaggio del sogno, ciò che corrisponde allo scrivere una lettera di risposta al mittente onirico. Questo è il paradigma cui mi sono affidato per tanti anni.

L'introduzione del dialogo ha sconvolto tutti gli schemi. Restando nella parabola del mittente onirico e delle sue enigmatiche lettere, equivale a rinunciare all'idea di leggere le sue lettere, sperare di comprenderle con facilità ed elaborare una nostra risposta. C'è un modo più efficace e diretto: prendere in mano il telefono e chiamare questo misterioso mittente, o meglio, convocarlo dentro i nostri occhi e interrogarlo a voce alta sui passaggi più oscuri e, in generale, su tutto ciò che è accaduto nel sogno. Con un po' di immaginazione, di creatività e un granello di follia, il mittente inizierà a risponderci, e così i personaggi del sogno! “Perché hai scelto quel personaggio nel sogno di stanotte? Perché quella particolare ambientazione?” e ancora: “Perché mi hai morso la mano, bel cagnolino? Chi sei tu, minuscola fata che si nasconde sotto il tappeto? Chi ha sabotato i freni della mia automobile e per quale motivo?”.

Mi ha sempre affascinato la visione del sogno come "materia viva", ma sono rimasto sconcertato nell'osservare fino a che punto il materiale onirico reagisca così fluidamente alle nostre prese di coscienza o ai nostri interrogativi, se posti in modo così diretto, rivivendo il sogno in prima persona e parlando al tempo presente. Lo si potrà ben cogliere quando riporterò una sequenza ininterrotta di sogni avuti in diciassette giorni. Che i sogni del giorno successivo siano spesso una continuazione dei sogni del giorno precedente è cosa nota agli junghiani, ma non avevo mai sperimentato una tale consequenzialità e coerenza del racconto onirico, e questo lo attribuisco senza dubbio a questo approccio da me sperimentato. Soprattutto, in tutti questi anni di esplorazione onirica, mai avevo riportato a galla così tanti tesori alla luce e a integrazione della mia coscienza. Sentirmi più integro è stato il tesoro più prezioso di questa ricerca, oltre ad avermi permesso di partorire questo libro, che per me è grosso non nella dimensione ma nell'impatto che ha avuto e sta avendo sulla mia vita, e spero in minima parte anche sulla vita di chi lo leggerà.

L'importanza dei Tarocchi nel lavoro con i sogni

Rimestare così a fondo con le immagini dell'Inconscio non è una passeggiata, e lo stesso Jung temeva di esserne sopraffatto. Occorre avere un Ego ben saldo, pur riconoscendone la fragilità, di fronte all'irruenza di ciò che può provenire da là sotto, o da là sopra. I Tarocchi in questo sono un alleato formidabile. Sono come cinghie di sicurezza che consentono di calarsi nelle profondità ed esplorarle senza rischiare di perdersi o di non fare ritorno.

Chi ama e conosce i Tarocchi sa che gli Arcani Maggiori possono diventare supporti insostituibili per guidarci e sostenerci quando brancoliamo nell'oscurità. I Tarocchi agevolano il confronto con l'Inconscio — lo ribadisco — perché parlano il suo linguaggio e riescono a oggettivare in personaggi e forme familiari il cangiante immaginario archetipico. Certo, anche incontrare l'Arcano Senza Nome o la Maison Dieu non è un'esperienza tutta rose e fiori (in verità non lo è neanche quando si ode la tromba dell'angelo del Giudizio), ma familiarizzando con queste figure si riescono a intravedere anche le luci, oltre alle ombre, dietro a ogni immagine archetipica. In questo senso, i Tarocchi sono un soccorrevole intermediario quando si ha a che fare con le manifestazioni dell'Inconscio, una sorta di parafulmine, per restare in tema con l'Arcano XVI.

In effetti, i dialoghi che utilizzo in questo approccio non coinvolgono direttamente quello che ho chiamato "il mittente onirico", ma sono interpretati, mediati, condotti e moderati dai Tarocchi; gli Arcani Maggiori sono stati il mio Virgilio in questa discesa in profondità! Ho parlato con i miei Arcani Maggiori in modo colloquiale e informale, esattamente come farei con gli amici, e questo mi ha fatto sentire più protetto dagli influssi imprevedibili dell'Inconscio. Ho discusso – talvolta animatamente – con i miei Tarocchi, ponendo a loro i miei quesiti sul sogno, in un grande gioco di proiezioni. Tutto il Libro Grosso è costruito attorno a dialoghi con e tra i miei Tarocchi. In alcuni sogni, dove non appaio come protagonista, sono gli Arcani Maggiori a bisbigliare tra loro, a parlare o sparlare di me. Mi sono sforzato di donare a ciascun Arcano una propria caratterizzazione, immaginandomi ad esempio come si esprimerebbe la Forza o l'Imperatrice o l'Arcano Senza Nome. Sforzo in molti casi frustrato, come un attore poco brillante che tenderà a dare sempre la stessa voce a tutti i personaggi che interpreta, soprattutto quelli con cui è meno in risonanza; questo è inevitabile nel gioco delle immedesimazioni, così come le persone che sogniamo sono spesso espressione della nostra unica personalità. Ma è anche la parte più divertente e gratificante del lavoro onirico.

In questo viaggio, i Tarocchi non solo mi hanno svelato alcuni segreti sui miei sogni, ma mi hanno confidato delle verità universali, in linea con la visione di Jung: il sogno del singolo, sotto l'influsso dell'Inconscio Collettivo, può contenere insegnamenti per tutta l'umanità.

I destinatari del Libro Grosso

Mi sembra di udire l'imprecazione di te che sfogli questa introduzione scuotendo la testa: "ma io non conosco i Tarocchi!". Se neppure ti incuriosiscono, allora deponi questo volume, oppure regalalo a chi sai possa apprezzarli. Se invece non li conosci ma ti incuriosiscono, allora ti invito a proseguire la lettura, possibilmente tenendo a portata di mano un mazzo di Tarocchi Marsigliesi: non ti prometto, anzi, escludo proprio che tu possa imparare a leggere i Tarocchi grazie a questo libro; sono però sicuro che comprenderai quale ricchezza si celi dietro agli Arcani Maggiori quando dialogano con i sogni.

È la stessa promessa che faccio a te, che invece hai una conoscenza profonda dei Tarocchi, perché è una cosa che ho sperimentato in prima persona: non hai idea di quanto la conoscenza del mondo del sogno possa arricchire la tua capacità di leggere, o meglio, guardare, sentire e vivere i Tarocchi e amplificarne il significato. OniroTarologia vuole essere anche questo: non solo utilizzare i Tarocchi per interpretare i sogni ma anche interpretare i sogni per ampliare la conoscenza del linguaggio simbolico dei Tarocchi.

Sarei presuntuoso nel credere che questo libro possa offrire nuova linfa in materia di psicologia del sogno, per quanto gli studiosi potrebbero trovare qualche valido stimolo, se non altro nel poter disporre di una sequenza commentata di diciassette sogni di una personalità un po' balorda, oltre a vari altri sogni individuali emblematici. Mi auguro, però, che questo libro possa rappresentare un bel contributo per il mondo della tarologia e per l'utilizzo dei Tarocchi in chiave introspettiva.

In generale, Tarocchi o non Tarocchi, consiglio la lettura di questo libro a tutti coloro che sono interessati al tema dell'interpretazione del sogno. I dialoghi che riporto descrivono minuziosamente il processo con cui giungo alla comprensione dei miei sogni e sono disseminati di consigli pratici sulle varie modalità con cui approcciare l'interpretazione di un sogno secondo una prospettiva junghiana, che resta per me la più efficace e arricchente in assoluto.

Una nota sullo stile e sulla struttura del Libro Grosso

Il dialogo è, dunque, il motore di tutto il Libro Grosso. Confesso che l'intera opera è nata per scherzo, scribacchiando sul mio taccuino un breve dialogo tra il Carro e il Bateleur a seguito di un sogno.[5] L'ho scritto in qualche minuto, mentre facevo colazione, in preda a un *flow* che mi ha stordito. Ho sentito il fulmine intuitivo della Maison Dieu scoperchiarmi la testa: quanto mi è sempre venuto spontaneo scrivere dialoghi! Tutti quei diari di scuola che riempivo con storielle surreali, le canzoni che scrivevo con inquietante rapidità quando mi ero dato al cantautorato,[6] il

5 Di fatto è il dialogo relativo al primo sogno del 6 gennaio 2023, riportato nel libro, che come si noterà è molto più breve degli altri.

6 Chi si vuole divertire può cercare un mio antico brano, *1000 euro blues*, che di fatto era un dialogo con la mia Ombra molto prima di incontrare Jung: https://www.youtube.com/watch?v=5yGGrrZ_-Xw

primo premio a un contest di poesia nonsense con Freak Antoni[7] in giuria; tutti frammenti di esperienze passate inconcludenti e avvizzite che questo colpo di fulmine ha fuso davanti ai miei occhi, mostrandone la matrice comune: quella del dialogo, del dialogo introspettivo. Anche in questo senso la scrittura di questo libro mi ha fatto sentire più integro, rimettendo insieme tutti quei pezzi di me che reputavo male assortiti, come paiono essere gli oggetti disposti alla rinfusa sul tavolo del Bagatto, che è poi il personaggio dei Tarocchi con il quale più mi identifico.

Ora, però, non vorrei aver creato aspettative esagerate sui miei dialoghi e voi siete tutti lì ad aspettarvi roba forte alla Tarantino o alla Woody Allen. Metto, perciò, le mani avanti specificando che si tratterà spesso di dialoghi buffi, o meglio, ironici (che poi è l'anagramma di "onirici"). Tra le mie doti riconosciute di Bateleur vi è quella dell'ironia e soprattutto dell'autoironia: è la mia bacchetta magica, lo strumento con il quale mi relaziono al mondo, quello esteriore e quello interiore. Guai a sottovalutare l'ironia! È uno strumento versatile e poderoso, tanto più quando ci si deve attrezzare per missioni rischiose come il confronto con l'Inconscio e con l'Ombra. I Tarocchi stessi sono nella tradizione un gioco, ma un gioco sacro, introdotti dal Matto, il giullare che si prende beffa di papi e imperatori per poi condurci alla totalità del Mondo. Dunque, non scandalizzatevi se vi imbatterete in battute scurrili, espressioni dialettali e parolacce frammiste a pillole di saggezza, così come sarebbe fuori luogo offendersi dinanzi al Matto che ci mostra le chiappe o al Diable che ci fa la linguaccia.

I Tarocchi sono per me immagini vive e concrete e ho con essi un rapporto personale, così come ogni buon amante dei Tarocchi con il proprio mazzo. E in questo rapporto ci sta l'amore, la paura, lo scherno, lo sberleffo, il disgusto, la delizia, insomma, tutto lo

---

7 Il compianto leader degli Skiantos.

spettro delle emozioni umane, comprese quelle nere, grigiastre e marroni. Cito a mia difesa anche la saggezza degli Alchimisti, che ricercavano la prima materia per la Grande Opera nelle sostanze più vili e ripugnanti.

Accanto alla cifra stilistica a me congeniale della spontaneità e dell'ironia, il dialogo è stato anche funzionale alla conduzione di questo esperimento personale, l'espediente narrativo più efficace per riportare, quasi in tempo reale, il flusso dei miei pensieri e delle mie associazioni in relazione al materiale onirico. Le espressioni che scaturiscono dal confronto con l'Inconscio sono per natura grezze, poco raffinate e per la maggior parte dei casi poco strutturate, ed è per questo che ho cercato di ridurre al minimo gli interventi di editing. Mentre scrivevo i dialoghi, ciascuno associato a un sogno, giungevo puntualmente — e ogni volta con enorme sorpresa — all'interpretazione del sogno. Anche per questo ho deciso di preservare l'integrità di quei dialoghi, come vegetazione spontanea, limitandomi a qualche correzione sulla grammatica e sulla punteggiatura. O forse questo è un subdolo stratagemma da Bateleur per non subire troppe critiche sul mio modo di scrivere? Dovete sapere che oltre a essere un Bagatto sono anche un po' pigro come l'Appeso e il troppo lavoro sottrae tempo al sogno!

I miei dialoghi sono ironici perché è il mio modo di interagire con la mia Anima. Sarebbe affascinante analizzare lo stile di chiunque voglia cimentarsi in un'opera analoga! Avremmo un florilegio di Libri Grossi, ognuno di genere diverso: drammatico, romantico, horror, thriller, avventura, fantasy e chissà cos'altro; ognuno scrive e sogna a suo modo.

Dopo quel primo dialogo il mio entusiasmo era alle Stelle, e di materia prima per scriverne altri ne avevo a tonnellate: le migliaia di sogni archiviati in quasi vent'anni di redazione dei miei diari onirici. Scartabellando tra i miei vecchi sogni, ecco un altro fulmine sfrigolarmi il cervello! Perché accontentarmi di una materia prima stagionata quando avrei potuto disporre di sogni freschi di nottata? Così ha avuto inizio l'esperimento vero e proprio, registrando i miei sogni giorno per giorno e scrivendo in tempo reale i dialoghi con i Tarocchi a essi associati. Sono i diciassette sogni scritti in sequenza, dal 6 al 22 gennaio 2023, che costituiscono il grosso del Libro Grosso. Oltre a questi sogni ne ho riportati altri cinque, poiché il mio intento era dialogare con tutti gli Arcani Maggiori e nella sequenza dei diciassette sogni alcuni di essi mancavano all'appello.

Ogni dialogo è preceduto da una descrizione del sogno e dalla descrizione dei personaggi dei Tarocchi che a esso ho associato, come in uno sketch teatrale; sarebbe il mio sogno che questi dialoghi possano un giorno essere messi in scena da una compagnia teatrale! Tra i personaggi ho messo il mio nome tra parentesi (Max) quando compaio tra i protagonisti, nei panni dei vari Arcani con cui mi identifico nel sogno... non sempre e solo Bateleur, per mia fortuna!

Alla sequenza dei diciassette sogni ho anche allegato i miei "appunti onirici", con alcuni consigli su come approcciare l'interpretazione dei propri sogni e in qualche caso corredati da mie note scritte a mano durante il percorso; non saranno belle come le illustrazioni di Jung al suo *Libro Rosso,* ma dicono che ho una bella calligrafia!

Ma ora basta chiacchiere, silenzio in sala e... su il sipario!

LA LANTERNA CONTROVENTO

PREMESSA AL SOGNO DELLA LANTERNA CONTROVENTO

Il primo dialogo del libro è l'unico a non riguardare un sogno personale. Si tratta di un cameo di Carl Gustav Jung nei panni dell'Eremita, un omaggio nell'omaggio, con un dialogo ispirato al suo sogno giovanile noto come "il sogno della lanterna controvento" o "dello Spettro del Brocken"; un sogno a me molto caro perché ha dato inizio alla mia più grande intuizione, quella dell'OniroTarologia.[8] È un sogno che anche chi non conosce affatto i Tarocchi, sfogliando i ventidue Arcani Maggiori per la prima volta, potrebbe ricondurre alle immagini dell'Eremita e del Diable. Una volta che abbiamo associato al sogno la sequenza Eremita-Diable divertiamoci a origliare il dialogo che ne scaturisce, alla ricerca del significato più profondo di questo inquietante incontro notturno.

8 Sul sito https://onirotarologia.com è possibile leggere un'interpretazione tarologica completa di questo celebre sogno del giovane Jung.

IL SOGNO DELLA LANTERNA CONTROVENTO DI CARL GUSTAV JUNG

Era notte, in un posto sconosciuto, e camminavo lentamente e con fatica contro un forte vento. Dappertutto intorno v'era una fitta nebbia. Con le mani facevo schermo a un fievole lume che minacciava di spegnersi a ogni momento: tutto dipendeva dal riuscire a tener viva questa piccola luce.

Improvvisamente avevo la sensazione che qualcuno stava sopraggiungendo alle mie spalle, mi voltavo, e vedevo una figura nera, gigantesca, che mi seguiva. Ma al momento stesso avevo coscienza, nonostante il mio terrore, di dover salvare la piccola luce tutta la notte e nel vento, senza badare al pericolo.

Personaggi: Eremita, Diable

Eremita — Devi continuare ancora per molto?

Diable — A fare cosa?

E — Dai che hai capito. Con quella torcia dietro la mia nuca tra un po' mi farai prendere fuoco al cappuccio.

D — Ah, perché, con quella lanterna lì davanti tra un po' non ti prendono fuoco i peli del naso?

E — Senti, tu chi sei?

D — Vuoi che facciamo quella cosa tipo *Sympathy for the Devil* dove mi presento, dico piacere di conoscerti, spero che indovini il mio nome, eccetera, eccetera?

E — Per carità, risparmiamelo! Nel mio eremo c'è spazio solo per la musica a 432 Hz. Quelle anticaglie dei Rolling Stones suonano la musica del Diavolo. Mi vorresti dire che... sei tu il Diavolo?

D — Ora sei tu a essere antico! Il Diavolo è la separazione, mentre noi siamo qui appiccicati più che mai.

E — No bello, sei tu a essere appiccicato più che mai a me! Cosa mi hai fatto ora? Mi hai messo un catenaccio alla caviglia?

D — Chi, io? Sei tu che ti ci sei impigliato dentro!

E — Sto perdendo la pazienza ora!

D — Finalmente! Almeno la discussione si farà più accesa!

E — Mi hai fatto capire chi sei, o almeno credo. Mi puoi dire almeno che cosa vuoi?

D — E tu che cosa vuoi?

E — L'ho chiesto prima io!

D — No, l'ho chiesto prima io!

E — Vaffanculo!

D — Tu vaffanculo!

E — Mi stai facendo bollire la testa!

D — Finalmente! Almeno la discussione si farà più irrazionale!

E — Respira, Eremita, respira... conta fino a dieci...

D — Uno, due, sei, nove!

E — Ma lo sai che sei proprio odioso?

D — Sarai simpatico tu.

E — Io non voglio essere simpatico, io cerco la conoscenza.

D — Tu? Con quella lanterna? Ma fammi il piacere!

E — Perché, tu come la cerchi? con quella torcia? o con quegli ometti allucinati che ti trascini dietro agganciati al tuo piedistallo?

D — Ti ho detto forse che cerco la conoscenza?

E — E come inganni il tempo?

D — Io sono l'ingannatore del tempo per eccellenza!

E — Oddio, che frase patetica. Vuoi un applauso? Te lo chiedo per l'ultima volta: perché mi segui?

D — Ora apri bene le orecchie, mio scontroso Eremita: non sono io che sto seguendo te, sei tu che stavi cercando me!

E — Vuoi dire che... tutte le mie ricerche... vogliono in fondo... far luce sul Diavolo?

D — Il Diavolo non esiste, sciocco. Ne esistono tanti, quanti sono i Cristiani che camminano su questo pianeta. Ognuno ha il suo che gli cammina vicino vicino. Tra qualche anno la chiamerai "Ombra". E tra tanti altri anni parlerai del "Sé".

E — Posso girarmi e guardarti?

D — Non ti azzardare! Non osare! Se lo farai, vedrai... te stesso.

I DICIASSETTE SOGNI

PREMESSA AI DICIASSETTE SOGNI IN SEQUENZA

Dopo questo sogno introduttivo con il cameo di Jung, ci addentriamo finalmente nei miei tragicomici sogni personali. Il sogno del 6 gennaio, come ho anticipato, è il primo della sequenza di diciassette sogni, ma l'intenzione di iniziare l'esperimento vero e proprio, ovvero utilizzare sogni freschi di nottata per comporre i dialoghi, non era ancora maturata quando l'ho elaborato.

Ero nella fase embrionale di scartabellamento di vecchi sogni archiviati e la mia attenzione si è posata su un sogno fatto circa quindici anni fa che ancora oggi mi turba (il sogno della "ragazza che scompare") e che ho deciso di anteporre a tutti gli altri. Ha ancora il sapore di un dialogo buffo fine a se stesso, di un esercizio di stile, un pretesto per riversare il mio astio per quello che definisco il "fricchettonismo olistico post new age", con tutti i suoi luoghi comuni sulle creature di luce, il vibrare alto, le aperture di cuore e *bla bla bla*. Solo a conclusione della sequenza dei diciassette sogni, probabilmente innescata dalla rimessa in scena di questo antico sogno, ho compreso che era in ballo la separazione dalla mia Anima. Il tema della relazione con l'Anima, intesa come la componente femminile della mia totalità, sarebbe stato presente in tutti i sogni successivi. Per una beffarda sincronicità ho realizzato che il *Libro Rosso* di Jung esordiva proprio con il dialogo sul "ritrovamento dell'anima".

Un'ultima nota per la lettura: di tanto in tanto mi sentirete pronunciare la parola *click*. "Sentire il *click*" è una felicissima espressione utilizzata da Marie-Louise Von Franz per descrivere quel particolare momento in cui comprendiamo il significato di un sogno e questo ci scuote al punto da provocare una reazione fisica. Il *click* è difficile da descrivere, è un qualcosa che sentiamo quando l'interpretazione di un sogno ha toccato la corda giusta: può manifestarsi con un brivido, un calore improvviso, pelle d'oca, un pianto liberatore o un pugno nello stomaco. I *click* che ho inserito nei dialoghi corrispondono al momento esatto in cui il dialogo, in tempo reale, ha fatto *click*.

Buon divertimento!

LA RAGAZZA CHE SCOMPARE

Sto guidando la mia auto, al mio fianco una ragazza bellissima. A un certo punto mi volto verso di lei e... *puf*! è sparita!

Personaggi: Max, Imperatrice

MAX — È il mio modo di guidare che ti ha fatto volatilizzare?

IMPERATRICE — ...

M — Come pensavi che ci sarei rimasto vedendoti scomparire così?

I — ...

M — Sei una grandissima egoista. Prima mi seduci e poi scompari svolazzando come una quaglia. Torna giù da me, ti prego!

I — ...

M — Dimmi almeno perché ti sei volatilizzata!

I — Va be', vuoi che te lo dica? Non ti offendere però.

M — Prometto! Parlami, o bella aquilotta del mio cuore, colei dinanzi alla quale mi inchino, donna della mia vita, sposa alchemica, *soror mystica*, fiamma che mi scalda tutto, completamento della mia missione terrena, primo motore delle mie giornate...

I — Hai finito?

M — Sì, occhi cerulei che mi scrutano dentro, sorriso immacolato che mi incanta, corona che corona (!) le mie giornate oscure, colei che detiene lo scettro del mio destin-

I — Basta!

M —Sì, scusami, ti ascolto...

I — Io non sono tua!

M — Hai ragione, è vero. Che sciocco sono stato! Quanta arroganza da parte mia! Sono io che appartengo a te, tuo fedele compagno *for life*, supporto per i tuoi giorni più complicati, spalla su cui piagnucolare, piedistallo su cui celebrare i tuoi successi, amico e confidente nei secoli dei secol-

I — Che gran rottura di coglioni! La vuoi finire con queste

puttanate? Io appartengo solo a me stessa, e tu appartieni solo a te stesso!

M — C- cosa? No... ti prego...

I — Sì, Max, devi accettare questa cosa!

M — No... non puoi aver detto una cosa simile! Cioè... una banalità così no, ti prego.

I — Ma quale cosa?

M — Quella che io appartengo a me, eccetera, eccetera...

I — Ma... io... intendevo dire che...

M — No, basta. Aria, Imperatrice mia, aria!

I — Forse sono stata troppo impulsiva. Mi dispiace, perdonami, grazie, ti amo. Posso ritornare da te? Perché il mio maestro di vita mi ha insegnato che bisogna sempre seguire il cuore e vibrare alti a un'ottava superiore e restare centrati con i *chakra* tutti belli aperti... Max, ci sei? Mi stai ascoltando?

Ma anche Max aveva fatto *puf*!

Riconoscere l'anima

✳ Identificare le figure femminili del sogno: sono una rappresentazione dell'Anima, la componente femminile della psiche maschile.

✳ Riflettere su quali figure femminili ci attirano nella vita reale e quali ci irritano, riconducendole agli Arcani Maggiori dei Tarocchi; verificare in che modo questi Arcani risuonano nei personaggi femminili che incontriamo in sogno.

✳ Per le sognatrici, i personaggi maschili rappresentano figure Animus, ovvero la componente maschile della psiche femminile, ma l'esercizio è analogo.

N.B.: Per personaggi maschili o femminili non mi riferisco necessariamente a figure sessualmente identificate, ma alle energie maschili e femminili da un punto di vista simbolico.

Arcani Maggiori femminili che adoro:

▷ Imperatrice

▷ Forza

▷ Stella

Quelli femminili che mi irritano:

▷ Giustizia

Quelli con cui ho uno strano feeling:

▷ Papessa

LA MOTO TROPPO POTENTE

Sogno del 6 gennaio 23

Ho comprato una moto potente e ci giro tutto fiero. La parcheggio da qualche parte ma non la ritrovo, forse me l'hanno rubata.

Ora sono su un'automobile. Un tizio con aria poco rassicurante installa due candele posticce, ma poi l'auto va troppo veloce e sbanda.

Personaggi: Carro (Max), Bateleur

Carro — *Brummm! Brummm!*

Bateleur — Ti diverti, eh?

C — Eh sì! Questa moto mi fa così ribelle ed *Easy Rider*!

B — Mi fai apportare una piccola miglioria?

C — Ma no, dai, è già perfetta così e io ho fretta, voglio scorrazzare in giro e farmi ammirare da tutti! *Brummm! Bruuuummmm!*

B — Guarda che lo dico per te! Gli posso installare due nuove candele, così andrà ancora più veloce e tu sembrerai proprio Marlon Brando!

C — Davvero? Vai! La mia moto è nelle tue mani!

B — Allora, iniziamo a staccare questo cavo dal palo della luce e a collegarlo qui. Guarda che bella scintilla! Ora mi basta una presa elettrica, valla a rubare in quel negozio laggiù. Ok, ci siamo, la tua nuova moto è pronta!

C — Oh cazzo sì! *BRUMMM BRUMMMMMM!* Non ci credo! Mi hai fatto una moto magica a quattro ruote! È un'auto? Oppure un quad? Va così veloce che mi sembra di volare! Quali imprese titaniche potrò ora conseguire! Quali sontuose impennate! Per fortuna che mi hai anche regolato i freni per gestire questa nuova velocit- *CRASHHH*! AHIAAA! AITAAA!

B — Che botta che hai fatto amico! Sanguini tutto! Sei tutto storto! Più che a Marlon Brando ora somigli a Elephant Man...

C — Il mio bellissimo mezzo è distrutto! Maledetto maghetto, ma non avevi dato una regolata anche ai freni?

B — Io sono il Bateleur, io ci metto la magia, cos'altro ti aspettavi da me? Per i freni potenziati dovevi rivolgerti a quel meticoloso ingegnere che è l'Imperatore! Non ricordi quella pubblicità che dice che la potenza è nulla senza il controllo?

Il viaggio e il percorso

✳ Identificare i sabotatori: coloro che nel sogno ci mettono i bastoni tra le ruote. Che lezione ci vogliono impartire?

✳ Prestare attenzione ai mezzi e ai veicoli con cui ci muoviamo in sogno: quale metafora celano rispetto al nostro modo di muoverci nel mondo? Qual è la differenza tra un treno, un aereo, un'automobile, una bicicletta, o camminare scalzi?

Alcuni veicoli nei miei sogni:

- Piedi: viaggio lungo ma libero e a contatto con la terra
- Auto: vanno più veloci e ti portano lontano, ma richiedono il rispetto di regole e costante manutenzione
  ⇨ Per questo il Carro è vicino alla Giustizia!

IL SUICIDIO PROGRAMMATO

Sogno del 7 gennaio 2023

Mi dovrei suicidare tra ventiquattro ore. Sorseggio una tazza di tè e penso che non sarò in grado di adempiere a questo compito.

Personaggi: Arcano senza Nome (XIII), Ruota della Fortuna

Ruota — *Tic toc tic toc tic toc...*

XIII — Stammi a sentire, Ruota...

R — Dimmi, Tredici, ti dà fastidio il mio ticchettio?

XIII — No, non è quello, cioè un po' anche quello, ma perché secondo te tra ventiquattro ore?

R — Eh, bella domanda. Sai che Max ha una testa che è come un balordo ingranaggio, peggio di me. Poi di notte, quando sogna, te lo raccomando!

XIII — Quello che mi fa arrabbiare è che io non sono a disposizione di tutti all'ora che vogliono. Io non lavoro su prenotazione! Cioè, chi si crede di essere?

R — Ma sì, sai quante cose dice Max e poi ritorna sui suoi passi.

XIII — E poi mentre si beve una tazza di tè pensa a me? Un minimo di sacralità, almeno! Che so, non dico di facilitarmi il lavoro aspergendosi di incenso, ma bere un tè pensando al suicidio no, dai!

R — Tredici, dacci un taglio. Stiamo girando attorno al quesito principale: perché tra ventiquattro ore?

XIII — Tu sei l'esperta del tempo, Ruota! Per me il tempo è tutta una linea sottilissima che va verso la fine, come la mia falce. Ieri ad esempio ho falciato il presidente Kennedy, mentre dopodomani toccherà a Enrico II re di Francia.

R — No, aspetta, il Re lo hai trafitto nel 1599, Kennedy lo hai seccato molto dopo, nel 1963.

XIII — Cosa ti ho detto a proposito del fatto che ho un modo tutto mio di considerare il tempo?

R — Giusto. Magari anche nel sogno il tempo ha tutta una sua dinamica strana, e ventiquattro ore corrispondono alla cosiddetta chiusura di un ciclo? Forse ventiquattro ore sono un anno intero, oppure – tieniti forte, Tredici! – un *kalpa*, il ciclo cosmico di Brahma!

XIII — Ruota, tu sei tutta testa! In effetti, per quanto mi piacerebbe, io non sono alla fine del mazzo dei Tarocchi e non chiudo mai un ciclo; in molti parlano di me – e non sai quanto mi fa arrabbiare! – di una trasformazione, di una morte "rituale". Qui ci si trasforma tutti ma non si muore mai! Ma tornando a noi, forse Max tra ventiquattro ore dovrà chiudere un ciclo? Cioè dovrebbe suicidarsi "ritualmente" per chiudere un ciclo e aprirne un altro?

R — Tredici, mi piace questa tua interpretazione! Poi beveva il tè, tipo la cerimonia del tè che è una di quelle cose rituali e simboliche che piacciono tanto a Max. Ma come al solito anche lì stava ritornando sui suoi passi e non si sentiva di suicidarsi "ritualmente".

XIII — Ora basta chiacchiere, io sono una creatura dai pochi pensamenti e dai tanti tagliamenti. Io, tra ventiquattro ore, cosa devo fare?

R — Facciamo così: facciamo fare al Max qualche altro giro di giostra e magari in un sogno successivo ci capiamo meglio tutti quanti.

XIII — D'accordo. Ciao, Ruota, ci becchiamo in giro.

R — *Tic toc tic toc tic toc...*

Gli interrogativi dei sogni

✳ I sogni presi isolatamente sono più difficili da interpretare: è come cercare di capire dove andrà a parare una fiction avendone visto una sola puntata. Spesso i sogni successivi possono aiutarci a fare chiarezza su sogni precedenti, specialmente se non li abbiamo ben compresi.

✳ Certi sogni sembrano chiudersi con un punto di domanda: che cosa farà ora il protagonista? È come se il nostro Inconscio ci ponesse di fronte a una scelta, invitandoci a prendere una posizione, a effettuare una scelta rispetto a ciò che il sogno ha messo in luce. Anche per questo motivo mi è sembrato appropriato dialogare con la Ruota, foriera di enigmi e di blocchi da superare.

Perché la mia Ruota è bloccata?

- Mi sento privo di una direzione
- Sono "nel mezzo del cammin della mia vita" e non ho concretizzato nulla
- Dovrei cercarmi un lavoro normale e abbandonare questa cosa dell'OniroTarologia?

La mia scelta:

⇨ Mi concedo un altro anno da dedicare ai miei sogni, finendo di scrivere questo Libro Grosso, che per ora mi sta facendo sentire vivo!

SCALZO AL PARCO GIOCHI

Sogno dell'8 gennaio 2023

Sono in un parco giochi, pieno di fiori e di gazebo colorati. Mi ritrovo scalzo. Cammino sconsolato e litigo con un gruppo di ragazzi che mi prendono in giro.

Cambia la scena e sono a cavalcioni di una bellissima moto, stile *Easy Rider*. Percorro una strada in un deserto americaneggiante. Arrivo a un incrocio e penso sia quello dove si era schiantato James Dean. Lo percorro lentamente guardandomi a destra e sinistra.

Personaggi: Ruota, Matto (Max), Carro

RUOTA — *Tic toc tic toc tic toc...* Ciao Max! *Tic toc tic toc tic toc...*

MATTO — Oh, Ruota! Ma sei ancora qui? Di nuovo tu anche in questo sogno?

R — Proprio così! Ricordi che ieri assieme all'amico XIII ci siamo salutati dicendo "facciamo fare un altro giro di giostra al vecchio Max"? Ecco, dove si ambienta il tuo nuovo sogno? In un parco giochi, dove le giostre pullulano. E io sono come una grande giostra!

M — E perché io interpreterei il Matto? Svelami l'enigma!

R — Perché sei scalzo, e il Matto ti fa riflettere sul tema del cammino, su come cammini e con quali mezzi.

M — Eh, senza scarpe!

R — Esatto. E come tu puoi ben apprendere tramite me, questo è un grande atto di umiltà: un minuto sei lassù in cima che te la spassi e ora sei laggiù a dover ripartire da zero. Anche per questo il Matto ti sta bene addosso.

M — E quei tizi che mi prendono in giro?

R — Sempre roba da Matto: vestito fuori luogo, deriso, umiliato, come l'ultimo degli ultimi.

M — E che ci fa lì il Carro?

R — *Easy Rider*: ti ricorda qualcosa?

M — Ma certo! Il sogno dell'altro giorno, dove il Bateleur mi rifilava una moto truccata. Mi manda fuori di testa pensare a come tutti i sogni sembrino essere collegati.

R — Buffo, vero? È tutto un ciclo continuo, dove i personaggi, le situazioni, gli oggetti sembrano girare attorno a un unico motivo e si ripresentano con qualche modifica, in funzione di come li hai elaborati lavorandoci sopra creativamente, da vigile.

Ora dismetti l'abito del Matto e sali a bordo del tuo nuovo Carro: in questo sogno si presenta sempre sotto forma di moto, ma vedi come è cambiata?

Carro — Sì, prima era farlocca, priva di freni, instabile. Invece su questa mi sento così libero, come il Matto, e al tempo stesso in controllo, come l'eroe del Carro! Ho una moto potente, ma questa volta con dei buoni freni: potenza illimitata ma con controllo!

R — Bravo! Ma ora l'enigma si fa più enigmatico: perché secondo te è avvenuto questo cambiamento in te?

C — Può essere dovuto al fatto che mi sono messo a scrivere questo libro?

R — E perché? In che modo ha fatto girare la tua Ruota?

C — Be', perché prima mi sentivo privo di uno scopo, privo di una direzione...

R — ... come il Matto!

C — Giusto! Mentre ora guido dritto, agile e spedito, con i miei due cavalli che marciano allineati alla mia volontà. Ti confesso, mia Ruotina, che avviene proprio questo quando scrivo questi dialoghi. Mi sento libero e mi godo il paesaggio, sorprendendomi per le intuizioni che si manifestano spontaneamente dialogando con voi, immagini dei Tarocchi. Non lo diceva anche il nostro Jung che nei deserti è più facile incontrare i propri demoni e familiarizzare con le proprie immagini interiori? Come nel sogno, io sto attraversando un bel deserto ricco di pericoli e di tesori nascosti, ma protetto entro i margini di una strada sicura, senza curve e senza intoppi. Potrei sintetizzare dicendo che sono sceso dalla Ruota precedente, ho provato l'umiliazione del sentirmi appiedato, ho ripreso contatto con la terra camminando scalzo e poi sono salito su un nuovo mezzo, molto più adeguato alla mia missione!

R — ... e?

C — C'è dell'altro? Non tenermi in sospeso.

R — Hai detto che sei sceso dalla Ruota precedente. Ricordi quella scenetta del tè e dell'appuntamento con il Tredici dopo ventiquattro ore?

C — Giuro, ora la testa mi scoppia davvero! Mi vuoi dire che... esattamente ventiquattro ore dopo quel sogno, cioè con il sogno successivo, ho avuto il coraggio di chiudere quel ciclo per aprirne un altro, con tutta quella filippica sulla morte rituale di cui parlavi con il Tredici?

R — Stai facendo tutto da solo, caro Matto-Carro, e lo stai facendo bene! Ma ora tieniti forte: parliamo un po' dell'incrocio dove era morto James Dean. Chi era James Dean?

C — Mah, direi che era anche lui un ribelle, un *rider* forse un po' troppo *easy*, uno spericolato... Aspetta, ci sono! Era quella parte di me che viaggiava sulla moto precedente, quella farlocca, senza freni?

R — Oh, *yes*! James Dean viaggiava veloce, e ha finito per schiantarsi in quell'incrocio.

C — No, io invece in quell'incrocio ho rallentato e andavo molto circospetto.

R — ... e?

C — Ancora un altro enigma? Basta, dai, ho già la testa che mi scoppia. Dimmelo tu.

R — Ti dico questa e poi ti lascio andare, chiudendo anche questo ciclo con un brivido di suspense: e se quell'incrocio mortale che hai evitato fosse stato il suicidio del sogno di ieri?

C — Tremo. E ripenso a quando Jung diceva che una vita priva di senso è destinata alla distruzione. Ma ora io un senso ce l'ho e non sono più così Matto!

I sogni di conferma

✳ Più si lavora in profondità con i propri sogni, più sembrano reagire alle nostre prese di coscienza, provocando cambiamenti di atteggiamento del nostro Io onirico, oltre che di quello cosciente.

✳ Osservare in particolare come questi mutamenti di atteggiamento siano una conseguenza delle prese di coscienza originate dai sogni precedenti.

✳ I sogni di conferma sembrano celebrare le scelte compiute nella vita reale; questo sogno sembra aver confermato positivamente le risposte che mi sono dato a conclusione dell'impasse del sogno precedente del suicidio programmato.

La Ruota sembra
essersi sbloccata!

E' la conferma che questo
Libro Grosso è la cosa
giusta da fare in questo momento

⇨ Atto simbolico:
bere un thé per
brindare al successo
del Libro Grosso!

IL TORNEO DI GIOCO E MERCOLEDÌ ADDAMS

Sogno del 9 gennaio 2023

Sono a bordo di un carro armato, mi sento molto fiero e potente.

Cambia la scena: sono a un torneo di Advanced Squad Leader[9] e sto vincendo una partita contro Mario.[10] Appoggia un foglio sulla plancia di gioco e poi lo urta per sbaglio con il gomito, facendo cadere tutte le pedine. Lo rimprovero dicendo di fare più attenzione.

Nel luogo del torneo c'è anche un bar, gestito da quell'attrice che interpreta Mercoledì Addams. È triste, imbronciata, credo sia sfruttata dai suoi capi. Io le sorrido, ma non intendo farle capire che l'ho riconosciuta. Le chiedo una brioche, pagandola con una banconota con raffigurata una papera. Ci ridiamo su assieme.

Personaggi: Carro (Max), Bateleur, Imperatrice

---

9 Il mio gioco da tavolo preferito, ambientato nella Seconda Guerra Mondiale.

10 Un mio amico anziano e ipovedente, con cui gioco regolarmente ad Advanced Squad Leader.

Carro — Ah però! Sono passato da una motocicletta da fricchettone a un carro armato! E chi mi ferma più ora? Voglio distruggereconquistaredemoliresovrastare tutto ciò che mi capita sotto tiro!

Bateleur — Vai piano nelle curve, Carrarmax!

C — Mario, sei tu? Come mai ti sei agghindato da Bagatto?

B — Per la questione del gioco da tavolo. Fosse per te giocheresti tutto il giorno, come me del resto, finché gli occhi mi reggono.

C — Per i tuoi problemi di vista e per la tua saggezza ti facevo più Vecchio Saggio, stile Eremita. Non è che in veste di Bagatto mi vuoi giocare uno scherzetto? Lo sai che anche in precedenza un Mago della meccanica mi ha giocato un brutto tiro compromettendo il mio Carro?

B — Ma che scherzetto vuoi che ti faccia, con questa vista poi! Forza, è il tuo turno, muovi il tuo carro armato e tira i dadi.

C — Come vuoi. Il mio Panzer V Panther si mette in moto e si posiziona in questo esagono. Provo a sparare alla tua fanteria arroccata nell'edificio. Ecco che lancio i miei dadi: doppio uno! L'edificio crolla e le tue squadre sono tutte morte, Marieleur.

B — Ma quanto culo hai? Coraggio, finisci il tuo turno. Ormai sei a un passo dalla vittor- *CRASHHHH*! Oh, scusami tanto, ho urtato il tavolo per sbaglio e ora le pedine sono volate per aria, sai, con questi occhi ci vedo poco! Credo che dovremmo iniziare la partita daccapo...

C — Eccheccazzo, Marieleur! Dillo che l'hai fatto apposta! Ci avrei scommesso che avresti fatto uno dei tuoi giochini da Bagatto...

B — Suvvia, è solo un gioco, non prendere sempre tutto così seriamente.

C — Vaffanculo! Una volta che stavo per vincere...

B — Vuoi la verità? Anche questa volta ho sabotato il tuo gioco per darti una lezione. Stavi diventando troppo Eroe. Ti stavi montando la testa. Mi sei passato da una motoretta truccata a una possente Harley Davidson. E ora un carro armato. Ricordatelo sempre, Mister,[11] la potenza è nulla senza il controllo, te l'avevo già detto qualche notte fa. E aggiungerei anche un briciolo di umiltà: ricordati i discorsi della Ruota sul ritrovarsi appiedati.

C — Meglio che me ne vada, se no ti faccio mangiare le pedine. Vado a prendere qualcosa al bar, c'è una tizia piuttosto interessante e misteriosa.

Imperatrice — Dimmi, caro Carro.

C — Ehm... ciao. Sai, durante il sogno ti avevo riconosciuta: sei l'attrice che interpreta Mercoledì Addams in quella nuova serie che in questo periodo storico va di moda, dove tu fai quel balletto che spopola su Tik Tok, eccetera.

I — Non ricordi il mio nome?

C — Mi verrebbe da dire Christina Ricci, ma quella interpretava Mercoledì millenni fa. Ed era – perdonami – molto più brava di te. Forse per questo ho finto di non riconoscerti, per non farti montare la testa. Il tuo nome non me lo ricordo, potrei andare a cercare su Wikipedia ma non voglio barare.

I — Non importa, tu vedimi come l'Imperatrice. Sono un'attrice, esuberante ma anche molto cupa quando i miei talenti non vengono riconosciuti, e lì divento incazzereccia, vendicativa e più musona della Papessa. Dovrei volare da un palco all'altro e invece sono qui a preparare cappuccini per i giocatori buzzurri come te e

11 È così che mi chiama Mario quando lo faccio arrabbiare con i miei tiri di dado fortunati!

quell'altro tuo amico. Mi ritrovo spesso sfruttata, con la mia arte creativa dirottata per finalità di second'ordine.

C — È per questo che nel sogno sei interpretata da Mercoledì Addams? Non ho mai visto quella serie, detesto Netflix e tutti quelli che si ingozzano di stagioni intere in una sola sera, ma Mercoledì me la immagino così: misteriosa, unica, con talenti magici nascosti che non sempre vengono apprezzati, oppure vengono male incanalati.

I — Un po' come...?

C — ... me! È vero!

I — Perché io sono la tua A...?

C — ... Amata?

I — La tua Anima, somaro! La tua componente femminile! E dire che studi Jung da secoli...

C — Ci sarei arrivato, prima o poi! Ma mi spieghi quella cosa della banconota con disegnata una papera?

I — L'esperto di simboli sei tu, ma credo che la banconota riguardi gli aspetti "bagatteschi" legati ai soldi, ai valori, al riconoscimento dei propri talenti. E lì si innesta anche la sensazione di sentirsi sfruttati e poco ap-pagati, se mi consenti il giochetto di parole in stile Bateleur. Sembrerebbe una banconota patacca, ma c'è sopra una papera. La papera è proprio uno strano animale, in apparenza buffo, goffo e sfortunato, tipo Donald Duck. Ma ha un potere che non tutti hanno: può muoversi in ogni ambiente, starnazzando sul terreno, in acqua o persino svolazzando. La papera è l'eroina dei tre mondi. Immaginati per il momento che nel mio scudo ci sia una papera, piuttosto che un'aquila. Quello è il mio potere segreto e magico: di tanto in tanto posso volare, ma rischio sempre di non essere presa sul serio.

C — Come ti capisco, mia adorabile paperottola! Forse è per questo che alla fine ci ridiamo sopra assieme, è l'ironia ciò che ci accomuna e ci unisce intimamente. Ma vogliamo provare a trarre una sintesi da questo sogno? Mi sto perdendo tra tutti questi veicoli più o meno potenti e più o meno frenanti.

I — È presto per dirlo, lo sai che i sogni possono rivelare il loro segreto anche dopo anni. Stiamo a vedere cosa sognerai stanotte. Però una cosa mi sento di rivelartela: anche questa volta il Bateleur ha sabotato il tuo Carro e ora si propone un nuovo strano veicolo: la papera. Ed è un veicolo che in qualche modo ti ha ricongiunto con la tua Amat- ehm, Anima.

Gli alti e i bassi nei sogni

✳ I sogni hanno spesso un andamento zigzagante, tra salite e discese, tra successi e insuccessi; quando ci sembra di aver acquisito una maggior consapevolezza subentra qualche nuovo trucchetto o sabotaggio che ci riporta al punto di partenza. Potrebbe essere una compensazione per l'eccessiva *hybris* di un Ego salito troppo in alto e troppo in fretta.

✳ Per tenere traccia di alti (sogni che percepiamo con sviluppo positivo) e bassi (sogni che percepiamo con sviluppo negativo) può essere utile uno schema di questo tipo:

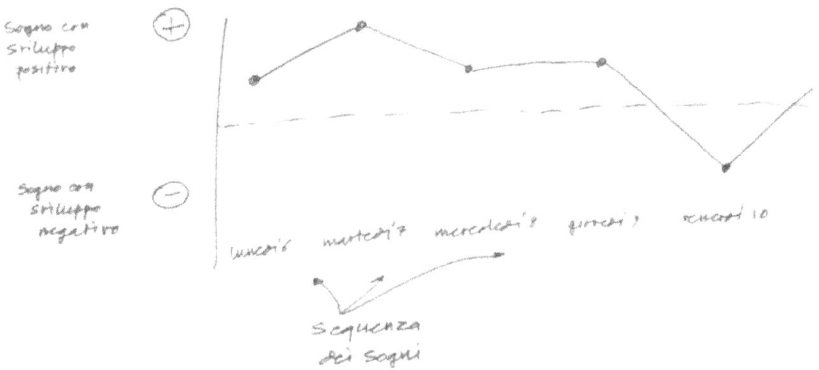

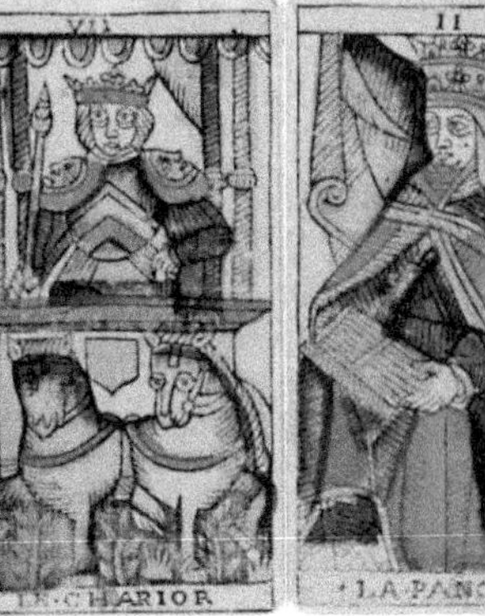

LA MATTINATA FATICOSISSIMA

Sogno del 10 gennaio 2023

Simona[12] legge gli oracoli in un locale in città. Prendo l'auto per andarci ma i freni non vanno, e persino il freno a mano è rotto. Provo ad andarci in bicicletta, ma sono stanchissimo: la notte prima sono stato in giro con Simona fino alle sette di mattina. Ricordo che stavo scrivendo di lei nel mio Libro Grosso e ho pensato che me ne sarebbe stata riconoscente. Vado a stendermi al mare per recuperare qualche ora di sonno.

Cambia la scena.

Z.[13] sta parlando con sua madre, nascosta dietro un muro, che gli sta dettando la lista della spesa. Ha uno spiccato accento americano, sembra una di quelle fanatiche religiose neoconservatrici. Gli dice di comprarle dei jeans molto lunghi, essendo lei molto alta, e la statuetta di una Madonna. Le parlo di Z. e le chiedo scusa per come lo trattavamo al liceo. Mi risponde che il problema non

12 Una mia ex di tanti anni fa.

13 Un compagno di liceo e coinquilino ai tempi dell'università.

era di suo figlio, ma solo nostro. Noto che il mio pizzetto è identico al suo.

Mi sveglio stanchissimo.

Personaggi: Carro (Max), Papessa

Carro — Sono stremato.

Papessa — Hai voluto la bicicletta...

C — Cosa intendi? Non iniziare anche tu con gli enigmi, specie se banalotti come questo, ti ho detto che sono stanchissimo.

P — Se non vuoi enigmi, con me caschi proprio male. Ma oggi mi sento in vena di parlarti, sarà che ti stai anche tu dedicando a un libro, o che mi hai nominato al suo interno, umile mortale.

C — Anche tu mi ammorbi con 'sta cosa dell'umiltà?

P —Ma guardati un po'! Chi è di nuovo rimasto a piedi, con un mezzo inadatto per circolare? Senza freni e addirittura senza freno a mano! Neanche la forza di andare in bicicletta hai. Non è abbastanza umiliante dopo essere stato alla guida di un Panzer V Panther? *Ah ah ah*! Ridicolo!

C — La tua risata da cornacchia mi fa imbizzarrire i cavalli! A proposito di cornacchia, l'altra notte non ero rimasto alle prese con una papera?

P —Infatti, e lì sei rimasto. La papera non è un carro armato con cui puoi giocare a piacimento e dominarci il Mondo. È un veicolo imprevedibile, non è sotto il tuo pieno comando. A volte ti concede qualche piccolo volo, ma quando pare a lei. Può lasciarti a piedi all'improvviso, disarcionandoti per farsi un bagnetto nello stagno. Hai poi mai visto una papera quando si arrabbia? Ingestibile, intrattabile.

C — Mi ricorda molto l'Imperatrice. Che ho sognato proprio ieri!

P — Me lo ha detto, ma sembri non aver colto il suo messaggio. Forse eri troppo impegnato a cercare il suo nome su Wikipedia.

C — No, ci sono! Aveva detto che diventava peggio di una Papessa quando il suo talento non veniva riconosciuto, o quando la sua arte veniva sfruttata male. Non so perché ma mi sto sentendo in colpa per qualcosa.

P — Anche con Simona ti senti in colpa per come l'hai trattata a suo tempo, forse è per questo che l'hai sognata in questo contesto, e scrivendo il suo nome in questo libro è come se tu invocassi il suo perdono.

C — Già, Simona. Ma quindi c'è anche lei sotto i tuoi tediosi panni? Avrei pensato a te più per il solo ruolo della madre di Z.

P — Sì, la madre di Z. è perfetta nei miei panni: parla nascosta dietro un muro come una profetessa ed è profondamente, eccessivamente religiosa. Per ingraziarsela i suoi figli devoti devono regalarle delle statuette votive dedicate a lei. Ma io recito anche il ruolo di Simona, o lei recita il mio, non ho ancora capito benissimo come funziona, ci sto studiando sopra. Però anche lei come Papessa ci sta da Dio, vuoi per il fatto che legge gli oracoli o che il suo nome è stato scritto nel tuo libro. Pensa poi al suo atteggiamento nel sogno.

C — Sacrosanto. Col suo atteggiamento mi sembrava in tutto simile a Mercoledì di lunedì, cioè del sogno di ieri: un'Imperatrice ferita e trasformata in Papessa.

P — Confessati, o figliolo. Parlami di quel senso di colpa e forse il mistero del sogno si dipanerà.

C — Sento che, per qualche oscuro motivo, sto sfruttando anche io male l'energia della mia Imperatrice interiore. La sto spremendo come una... papera dalle uova d'oro!

P — È così. Ti stai lanciando nell'impresa di scrivere questo libro con la foga tipica del Carro. Non ci dormi la notte, o dormi male, in attesa che il tuo Inconscio sforni ogni notte carburante prezioso con cui alimentare il tuo carro armato. Anche questo è il motivo della papera dalle uova d'oro! Non puoi spassartela fino all'alba con la tua Anima, dalle tregua, lasciala respirare, o ti assorbirà completamente. Quando ti dicevo che "hai voluto la bicicletta" il senso era anche questo: se decidi di compiere un'impresa eroica a bordo del Carro non pensare che sia tutto un trionfo. Non aspettarti soldi, successo, fama, riconoscimenti, o spocchioso auriga! La tua vanagloria sale ai massimi livelli quando nel tuo Sette prevale il Tre dell'Imperatrice rispetto al Quattro dell'Imperatore. Devi accettare anche i momenti bui dell'Eroe, con umiltà: ferite, stress post-traumatico da combattimento, terrore per il fallimento e per la sconfitta. Cimentarsi con il mondo dei sogni è faticoso. Non è sempre tutto un parco giochi.

C — Quello che ho sognato due notti fa! Per non parlare del torneo di gioco di ieri...

P — Lo spirito del Bagatto è sempre presente in te. Visto che ami Jung, consideralo il tuo Ego onnipresente.

C — Si dice che tu parli poco, ma io sono rintronato dalle tue parole, tutte veritiere. E anche la tua profezia si è realizzata: ho capito il senso del sogno a partire dall'analisi del mio senso di colpa. Ho capito anche perché in mezzo ci sta quel patacca di Z.

P — Anche lì un gran senso di colpa, eh?

C — Al liceo lo consideravo uno sfigato, un *loser*. Uno senza spessore e con aspirazioni professionali noiose, poco eccitanti, poco bagattesche e poco imperatricesche. Ma negli anni con il suo lavoro impiegatizio ha fatto dei soldi abbastanza grossi e vive molto bene.

P — Mi sembra di sentir parlare Mercoledì di ieri, riguardo al sentirsi sfruttati e sotto ap-pagati. Ma è lo scotto da pagare per chi non transige sul voler inseguire i propri sogni a ogni costo. Devi fare una scelta: seguire i sogni o seguire l'esempio di quel Z., immagine di bravo impiegatino che coabita in te.

C — Deciderò tra un anno, o tra ventiquattro ore, come quando bevevo il tè! O forse sarà una decisione che prenderò non tra ventiquattro ore ma nel '24? Ma ora dimmi, ti prego, come mi devo muovere? E il carro armato no, e l'automobile no, e la bicicletta no... e che cazzo!

P — Segui la papera. Forse io stessa ne sto covando una.[14] Segui la papera secondo il suo ritmo e secondo la sua indole. Quella non la puoi guidare come un carro armato. La papera si guida in due, con la collaborazione della tua Anima come copilota. Per quello ieri ti sentivi così a tuo agio ridendo con l'Imperatrice: è lei la tua copilota.

C — Rifletterò a lungo sul mistero della papera. Un'ultima cosa, sagace Papessa. Non vogliamo associare alcun Arcano a Z.?

P — Non ce n'è bisogno. Lui è mio figlio, è una mia emanazione. Mi venera senza mai disobbedire ed è per questo che ha successo. Un successo silenzioso, umile, poco appariscente. Tutto sua madre! Ma se proprio vuoi, pensa a lui, che così tanto bistratti e consideri *loser*, come alla papera che potrebbe nascere dal mio uovo. Credo che tu conosca la favola del brutto anatroccolo, no?

14 In alcune versioni dei Tarocchi Marsigliesi è visibile un uovo nascosto tra le vesti della Papessa.

Riconoscere l'Ombra

✳ Identificare le figure del sogno che hanno lo stesso sesso del sognatore.

✳ Identificare gli aspetti sgradevoli o ostili di questi personaggi Ombra.

✳ Comprendere come questi aspetti parlino di noi: rappresentano l'Ombra che tendiamo a non riconoscere in noi stessi e che proiettiamo sugli altri.

✳ Individuare gli aspetti "luce" di ogni Ombra che, se raffinati e integrati, potrebbero arricchire la nostra coscienza, la nostra comprensione di noi stessi e del mondo.

L'Ombra di "Z"

Aspetti sgraditi:

- lavoro "ordinario", da impiegatino senza arte
- poco ambizioso
- scarso senso dell'umorismo

Aspetti "luce":

- brav'uomo concreto, senza troppi grilli per la testa
- onesto e lavoratore, sempre con il sorriso

⇨ Mi ricorda molto Ned Flanders, anche lui è uno molto religioso!!

LA STANGONA E BAILEY

Sogno dell'11 gennaio 2023

Decido di provarci con una ragazza molto alta che viene al mare al mio bagnino. Accetta divertita il mio invito, ma poi si allontana, credo di aver detto qualcosa di stonato o semplicemente non le piaccio, essendo più basso di lei.

Ospito a casa Bailey e Carlo.[15] Mi congratulo per la tenacia che hanno dimostrato nell'aver a lungo vissuto il loro amore a distanza.

Ora sono a Perugia, sempre con Bailey e Carlo. È un mercoledì e la sera ci sarà una bella sagra con tanto di fuochi d'artificio. Bailey sta piangendo per qualcosa che deve aver combinato Carlo. Provo a consolarla e lei mi parla, con un misto italoamericano, di un motivo legato a un torneo di gioco a cui Carlo sta partecipando.

---

15 Bailey è una youtuber americana che adoro. Racconta le vicissitudini del suo amore con Carlo, un Italiano. Recentemente hanno realizzato il loro sogno: Bailey si è trasferita in Italia e ora vivono insieme. Negli stessi giorni, una mia cara amica si sta ricongiungendo con il suo compagno libanese. La stangona stessa del sogno, adesso che ci penso, assomiglia a un'iraniana che ha sposato un mio amico riminese.

Pronuncia una parola in italiano che non capisco e me la faccio ripetere in americano: suona tipo "Luhv". Le dico che anche io amo i giochi in scatola e le mostro il voluminoso manuale del regolamento di Advanced Squad Leader. Lo sfoglia interessata e si mette persino a guardare un video di introduzione al gioco.

Personaggi: Innamorati, Angioletto degli Innamorati, Stangona, Bailey

Io — Questa volta non mi date alcun personaggio da interpretare? C'è solo l'Arcano VI?

Innamorati — Sì, qui con noi trovi già tutto quello che serve. Tu puoi identificarti con il personaggio nel mezzo, l'Innamorato stesso, che sta tra le due ragazze del sogno, la stangona e Bailey, ognuna con il proprio particolare atteggiamento. Bailey stessa poi pronunciava una parola molto simile a "*love*", e avevi una ragazza di Perugia, no? C'è poi il tema della seduzione e anche quello del triangolo.

Io — Aspetta, aspetta, aspetta. Di che triangolo parlate?

I — Dai, Max, non fare il tontolino; ci stavi provando spudoratamente con Bailey, alle spalle di Carlo.

Io — Non è vero! Ero sinceramente addolorato per il suo malessere, tanto che, a un certo punto, devo averle detto che quando la vedo piangere – e nei suoi video su YouTube lo fa spesso – mi si strappa il cuore.

I — *PFFF AHAHAH*!

Io — E va bene, allora non credetemi, oh. Non vengo mai preso sul serio quando dico cose sentimentali.

I — Non fare l'offesone, torna a unirti alla nostra festa. Questa sera ci saranno anche i fuochi d'artificio! A proposito, quel tuo broncio ci è molto familiare, non ricorda quello di Mercoledì Addams? Ahi, ahi, ahi, anche in questo sogno deve risuonare l'antifona del non sentirti apprezzato, eccetera, eccetera.

Io — Vero! Tipo la stangona che mi rifiuta... Ok, torno tra voi. Ragazze, fatemi spazio lì in mezzo! Bailey, a te ti ci vedo bene come la tipa-alla-mia-sinistra, tutta carina e infiorettata e mi tieni la mano sul cuore, c'è tra noi un certo *feeling*. E tu, stangona – non è body shaming, sai che mi piacciono le alte! –, sei più algida, mi guardi storto e mi fai *pat pat* sulla spalla, come a sottolineare che sono troppo tappo per te: sarai la donna-alla-mia-destra.

Angioletto — Ci sono anch'io quassù! Facciamo che io sono il regista del sogno. Ciak, si gira!

Io — Oh, donna alta! Perché mi hai rifiutato?

Stangona — Perché cazzeggi troppo. Sei un lullone[16] giocherellone infantilone.

A — Stop! Stavo pensando, quello che dice la Stangona non tira in ballo il Bateleur? È un attore a basso costo, gli basta una monetina, ma sul set è uno schianto. Lo ingaggiamo?

Io — Non ce n'è bisogno. La Papessa mi ha detto che il Bagatto è sempre presente in me, è quello che lei chiama il mio Ego. Scomodiamolo se e quando aggiungerà qualcosa alla storia, oppure immaginiamoci che il bellimbusto in mezzo alle due dame sia io in veste di Bateleur.

A — Mi sta bene, Maxeleur. Ciak! Azione!

Io — Oh, mia bella Bailey! Tu sì che apprezzi la mia arte bateleuristica, nevvero? Come ti divertiva sfogliare il mio manuale di gioco... Neanche Paolo e Francesca erano intrigati a tal punto da quel loro libro galeotto! Ti era passato il broncio e vedevo di nuovo trionfare il tuo splendido e americanissimo sorriso. Stooop!

A — Ma che fai? Stooop lo dico solo io!

Io — Sì lo so, ma mentre recitavo così ispirato ho pensato a due cose, ho sentito due *click* in me!

Bailey — *What the fuck essere click*?

Io — Bailey, *my darling, a click is something you feel inside when you realize that* stai comprendendo qualcosa di profondo del sogno *or when you* avvicini *yourself* all'*interpretation* corretta del *dream*.

16 Espressione romagnola che significa... non saprei bene neanche io, ma rende molto l'idea!

S — Posso andarmene io intanto? Tanto avevo poche battute in questo sogno.

A — No, resta ancora, forse torni buona nel gran finale. Maxeleur, parlaci di quei due *click*.

Io — Il primo è che con Bailey è successa la stessa cosa di Mercoledì (Addams): era triste e imbronciata, ma con me è tornata a sorridere. Possiamo dedurne che anche Bailey rappresenta l'Imperatrice, o meglio, la mia Anima in veste di Imperatrice, e io sono collegato a lei tramite l'arte magica e giocosa del Bateleur. Quando la faccio ridere, la mia Imperatrice riprende la sua vitalità e l'aquila nel suo scudo, che forse è sempre la papera, torna a volare. Il secondo *click* che rafforza l'associazione tra Bailey e l'Imperatrice è proprio l'aquila, che è uno dei simboli nazionali degli Stati Uniti.

B — *What the fuck are you talking about, you dumb fuck? Imperattrice, anattra, acuila, I don't understand shit!*

Io — Buona, Bailey, dopo ti spiego. Ah già! E *what about* il fatto che anche la Papessa madre di Z. era americana? E il deserto americaneggiante con l'incrocio di James Dean che attraversavo con la mia moto?

A — Evidentemente hai una lievissima fissa con gli Stati Uniti.

Io — Sì, riconosco che me li sogno spesso, anche prima di iniziare a scrivere questo libro. Avrà tutti i difetti capitalistici del mondo, ma sogno l'America come una terra selvaggia in cui vivere e ho sempre sognato di trasferirmi lì. Ecco, diciamo che l'America è il mio luogo onirico da Arcano XVII. Lì sento che mi realizzerei su ogni piano, professionale, artistico e forse anche sentimentale. Sento che la mia Anima appartiene a quel luogo.

A — Ma la mia freccia ha fatto scoccare l'amore tra Bailey e Carlo. La tua Anima è innamorata di un altro.

S — Che due palle, ragazzi.

Io — È innamorata di Carlo. Un ragazzo semplice, affabile, senza tante papere per la testa, con un'ottima carriera davanti a sé... oh cazzo! Ma è di nuovo l'immagine di Z.!

B — *Bingo! I love Carlo but devvo ametere che ogni tanto lui fa piangere me quando pensa tropo a sua cariera e non giocare più con me.*

S — Magari avessi un uomo così squadrato al mio fianco! Altro che i tuoi giochini, Maxeleur!

Io — L'hai sentita, angioletto? La Stangona è come la madre di Z., che vuole un figlio, o amante, squadrato, tipo l'Imperatore. L'Imperatore ha i soldi grossi, ma sai che noia!

S — Mi avete scoperto, la madre di Z., cioè la Papessa, sono sempre io. C'era un dettaglio che avrebbe dovuto farvelo capire subito.

A — Ta-dan! Qui ci scappa pure fuori un giallo!

S — La mia altezza. Vi siete dimenticati di quel particolare, tornate a leggervi la descrizione del sogno di ieri. Anche la madre di Z. era molto alta. Perché, poi, io come Papessa debba essere alta non lo so, forse perché per Max sono un modello di donna irraggiungibile.

Io — Forse sì, non mi sento sul tuo stesso piano, al tuo livello, alla tua altezza.

B — *I am not tall but* posso volare altooo, yeah!

A — Eee... stop! Maxeleur, il film lo farei finire così, che dici?

Io — Non così in fretta, cupido! Non ho capito *what the fuck* c'entra questo sogno con quelli precedenti e su cosa dovrei riflettere.

A — Fammi leggere sul copione. Qui si parla di tre punti che vado a elencarti.

Numero uno: la tua Anima vuole che tu sia anche un po' Imperatore per raggiungere l'unione. Questo significa che la tua Anima non è solo Imperatrice, ma anche Papessa. La Papessa ama l'Imperatore: la loro unione produce il Sei. Alla tua Anima piace scherzare e giocare ma le piace anche la concretezza.

Numero due: ricordi che nei sogni precedenti spiccava il tema del Carro? Ma ti ritrovavi appiedato. Hai subito uno stop, c'è stata una regressione. Tu conosci i Tarocchi meglio di me, e sai che se dal Carro torni indietro di una casella ti ritrovi nello stadio dell'Innamorato. L'Innamorato ti pone il tema della scelta: Bateleur o Imperatore? Devo rendere felice l'Imperatrice o la Papessa? Arte di giocoleria varia o un lavoro serio e profittevole?

Io — Aggiungerei: Italia o Stati Uniti? Eee... stop!

A — Stop lo dovevo dire io!

S — Che due palle.

B — *Byeee*! Ciaooo!

Carlo — Amore, ma dov'eri finita?

Gli incontri con l'Anima

In quei sogni in cui c'è una diretta interazione con un personaggio femminile Anima, fare caso ai nostri atteggiamenti e alle sue reazioni:

Come ci comportiamo con lei?

Cosa la fa stare bene in nostra compagnia?

Cosa la fa allontanare?

Cosa suscita il suo sdegno?

I quesiti sono analoghi per le sognatrici ma riguarderanno i personaggi maschili Animus incontrati nei sogni.

Relazione con
le mie figure Anima

▶ ciò che le fa stare bene
con me:
→ la mia ironia e senso dell'umorismo

▶ ciò che le allontana:
→ scarso senso pratico e senso della realtà
→ troppo preso dai miei sogni e hobbies
⇒ In pratica: gli aspetti positivi e negativi
del BATELEUR!

GLI STIVALI DIMENTICATI

Sogno del 12 gennaio 2023

Litigo furiosamente con mamma, a proposito del fatto che alla mia età non ho ancora trovato una situazione lavorativa stabile.

Sono in vacanza in Inghilterra, forse c'è anche Z. Alle 17:00 parte il nostro aereo e mi affretto a sgomberare la stanza. Una volta sull'aereo, mi accorgo di aver dimenticato i miei adorati stivali.

Sono assieme ad Aga[17] su una scogliera, si arrampica davanti a me e io cerco di tenere il suo passo.

Personaggi: Papessa, Matto (Max), Bateleur

17 Un mio amico batterista che sta facendo una certa carriera in ambito musicale.

Matto — No, basta! Ancora nei panni del Matto? Altro giro, altro regalo? Possibile che io non possa mai interpretare qualcosa di bello e potente, non dico il Mondo in persona, ma almeno un Appeso? Toh, anche l'Eremita lo sopporterei! Invece mi ritrovo sempre qui a cincischiare tra voi Arcani di basso rango...

Papessa — Silenzio! Tu sei per me una delusione continua, figlio. Ancora all'inizio del percorso, ancora appiedato, senza stivali, sbrindellato, vergogna dei popoli civilizzati.

M — Mamma, sei tu?

P — No, io sono la Papessa, non mi riconosci mai? Ancora non hai imparato che noi Tarocchi siamo figure cangianti e poliedriche, e che di volta in volta ci divertiamo a interpretare personaggi della tua vita reale, o a farci interpretare da loro? In questo sogno tua madre ha vestito i panni della Papessa, con le solite recriminazioni sulla tua situazione lavorativa: l'interrogativo posto dal sogno di ieri, o forse da tutti i tuoi sogni recenti. Oppure è tua madre reale ad avere delle sfumature da Papessa, chissà.

M — Quindi nel sogno davo di matto con lei per il solito discorso, che dovrei essere un banalissimo Imperatore per poter sedurre la componente Papessa della mia Anima?

P — È proprio qui che sbagli, Mad Max. Se vuoi la completezza, tutti gli Arcani devono far parte del tuo Mondo. Non "devi essere un Imperatore" per fare un favore a mamma; devi essere *anche* Imperatore. Poi fa parte della tua intima natura se esserlo tanto o – come nel tuo caso – pochissimo, ma proprio zero no. Lo stesso vale per tutti gli altri venti Arcani.

M — Gli altri ventuno Arcani oltre all'Imperatore, intendi dire.

P — Vuoi insegnare a me i segreti dei Tarocchi, o presuntuoso matterello? Ho detto altri venti perché il Ventunesimo è un Mondo a sé stante. Il Mondo si materializza quando tutti gli altri Arcani sono stati integrati nel tuo percorso, ma non potrà mai essere integrato a sua volta. È un Arcano totalizzante che non appartiene a nessuno ma è ovunque. Il Mondo è una montagna assai ripida da scalare.

M — Credo di non aver capito bene, soprattutto la parola "totalizzante", ma non fa nulla, da buon Matto ho la testa altrove e ho le vertigini a guardare fin lassù. Ma venendo a questo sogno, noto che c'è ancora quel perdent... ehm... bravo impiegatino di Z.

P — Sì, fa una particina, ma solo per sottolineare come i sogni siano quasi sempre collegati tra loro. È come se fosse un unico grande viaggio, interrotto dai momenti di veglia.

Bateleur — Ehi, ci sono di nuovo anch'io!

M — Fai la parte del mio amico Aga?

B — Esatto! Ho la mia brava bacchetta da batterista, sono un artista poliedrico e polistrumentista e il mio talento, la monetina che stringo in mano, sta finalmente fruttificando.

M — Beato te, B*Aga*leur, che vivi della tua arte. Anche io all'epoca ero un artista speranzoso di fare i soldi grossi con la mia musica. Ora ti osservo con la testa per aria, tu che scali le vette del successo agile come un lama. Io, invece, sono di nuovo appiedato, ho persino dimenticato i miei stivali preferiti.

B — Erano per caso quegli stivali da rocker con i quali hai calcato i palchi dei peggiori locali di mezza Italia?

M — Loro! I miei stivali da artista che ho smesso di calzare...

P — Stivali molto americaneggianti, figliolo caro, non è vero?

M — Sì! *Easy Rider*! Gli USA! Bailey! La mia terra promessa!

P — Rileggendo le pagine del libro, lo avevi definito "il mio luogo onirico da Arcano XVII". Giusto per curiosità, a che ora partiva l'aereo?

M — Alle diciassette! *Oh my God!* Un momento però: nel sogno questa volta era l'Inghilterra, mica gli USA!

P — Per te USA e Inghilterra sono lo stesso luogo onirico da Arcano XVII, luogo del successo e della realizzazione; è da quelle terre che proviene la musica che tanto amavi. Da giovane non volevi trasferirti a Londra con la tua band? Non sognavi spesso Londra e ti svegliavi commosso? E indovina un po' dove sta facendo successo il tuo amico Aga? Sempre a Londra!

M — I miei stivali sono rimasti per sempre in quel luogo onirico. Sono gli stivali magici che mi portano nel regno della Stella. Ma li ho appesi al chiodo, me li sono dimenticati, come la mia Fender Stratocaster che ammuffisce in garage.

P — Tu hai abbandonato la musica.

M — Sì, la musica è per me fonte di delusione, io odio la musica! E nel fardello che mi porto dietro non ci voglio neanche un'armonica, un sonaglio o un fischietto!

B — Non fare quel solito broncio, Mad Max! Io non sono solo Aga. La Papessa ti ha ben spiegato che noi siamo immagini poliedriche. Dimentichi anche che il Bateleur è sempre presente nel tuo Ego? Qui potrei rappresentare anche la scintilla artistica del Bateleur che ti traina, che ti spinge a seguirla e a salire in alto!

M — Ma quale scintilla artistica? Ho già detto che ho chiuso con l'arte!

Bateleur e Papessa (in coro) — E perché, scrivere un libro non è un'arte?

M — È vero! Scrivere questo libro mi sta dando la stessa adrenalina di quando ero lanciatissimo nel mio percorso musicale!

P — Ma fai attenzione, ricorda il dilemma del bivio: Imperatore o Bateleur? Successo economico o velleità artistiche?

M — Questa volta voglio entrambe le cose!

B — Ecco, Papessa, lo vedi? Non ha capito un cazzo come al solito di quello che gli abbiamo detto in tutti questi sogni.

P — Lascialo perdere, è Matto.

I nostri alleati

✴ Non sempre i personaggi onirici del nostro stesso sesso appartengono all'archetipo dell'Ombra; possono essere anche incarnazioni del Sé: figure alleate e guida, con caratteristiche positive, che sembrano attivare nostre potenzialità nascoste o cadute nell'Inconscio.

✴ Anche figure apparentemente Ombra (come l'amico Z.) possono in realtà manifestare aspetti positivi e di ispirazione per ricercare una maggiore completezza.

✴ È bene annotare, nel proprio diario onirico, quando questi alleati si presentano e in quale forma.

Sogno del 12/1/23

Alleati:

(Z.) Mi spinge a cercare una dimensione lavorativa migliore

(Agn) Mi guida verso l'alto, recuperando la passione per l'arte

IL GATTO DIMENTICATO

Sogno del 13 gennaio 23

Devo tornare da un viaggio e, nel fare le valigie, mi ricordo che devo riportare a casa anche il gatto. Vado nel panico, non so come gestirlo per un viaggio così lungo in auto, dovendo nutrirlo ed evitare che scappi in giro. Dovrei forse munirmi di una gabbietta, ma non ho tempo di attrezzarla.

Cambia la scena. Una grande compagnia di amici, con alcune ragazze carine che però non mi considerano. Gli propongo di giocare a nascondino. Altri ragazzi hanno messo su una band stile Sha Na Na.[18] Li ascolto in sala prove: faccio notare che tre delle voci sono perfette per fare le parti alte, basterà armonizzare le altre tre per le parti basse.

H.[19] mi fa fare un giro a Roma in auto. Attraversiamo un

18 Gli Sha Na Na sono un gruppo di doo-wop statunitense, celebri per essersi esibiti a Woodstock grazie al loro amico Jimi Hendrix che ne era fan.

19 Un mio ex cliente di Roma. Nonostante i suoi grandi problemi con l'Arcano VIII, è stato pioniere della distribuzione alimentare biologica.

grande bosco, dove c'è un antico cimitero, che conduce a una villa meravigliosa.

Personaggi: Matto (Max), Angioletto degli Innamorati, Bateleur, Carro

MATTO — Stamattina mi sento pieno di energia e ho voglia di cantare come Braccio di Ferro a inizio puntata. Scubli-dubi-dù! Non vedo l'ora di parlare con i miei Tarocchi per vedere che ruolo mi hanno dato oggi... Nooo! Ancora il Matto! Ma perché!?

ANGIOLETTO — *Flap! Flappete! Flap!*

M — Odo avvicinarsi quell'improbabile regista pennuto, spero mi dia una spiegazione...

A — Riecco il prode Max piè veloce, fermo ancora al livello del Matto! Ahahah!

M — Se riesco a mettere mano su quelle tue frecce ti ci infiocino a mo' di girarrosto.

A — Non prendertela, Mad Max. Cerca anzi di ragionare. Se riparti sempre da zero un motivo ci sarà. Ti dimentichi sempre tutto. Prima gli stivali, ora il gatto. Hai voglia ad ascoltare gli insegnamenti della Papessa se poi non le dai retta. Tu sei bravissimo a riconoscere i simboli e le immagini archetipiche e sei bravino a cogliere le dinamiche del sogno, ma poi, quando ti svegli, che cosa fai nella pratica? A me sembra che te ne stai a baloccarti con le immagini del sogno – anche in questo si vede la tua natura *bagattata*[20] – ma poi non cerchi di cambiare atteggiamento, anche se sai bene che dovresti incrementare il tuo livello di imperatoraggine. Giri sempre intorno alle tue abitudini, con grande ripetitività, Matto... dei miei stivali!

M — Hai finito? Ma dimmi, perché di nuovo voi festaioli Innamorati in questo sogno?

A — Compagnia di amici, ragazze carine, tentativi (goffi) di seduzione, e poi la cosa più importante: le sei voci degli Sha Na Na. Riesci a coglierne la profonda simbologia?

---

20 *Bagattato* è un'altra espressione romagnola che significa "rovinato".

M — Scubli-dubi-dubi-bop-bop!

A — Completamente impazzito. Ecco che scocco una bella freccia indirizzata al suo calcagno... *Szock*!

M — Ahia! Scusa, mi ero distratto, cosa dicevi a proposito della profonda simbologia delle sei voci degli Sha Na Na?

A — È quello che ti ho detto all'inizio. Tu sai che il nostro VI è bello e perfetto perché è l'unione tra due triangoli, uno alto e uno basso, perfettamente incastrati a formare un'armonia celestiale. Conosci il Sigillo di Salomone, no?

M — Come no!

A — Bene. Nel tuo sogno ci sono tre voci alte perfettamente armonizzate: sono le voci della mente, del tuo pensiero, che sono ben accordate. Ma le tre voci basse sono assenti o stonate: sono le note delle viscere, del radicamento, la triade infera del Diable. È per questo che all'inizio dicevo che sei molto bravo a parole ma poi, sul piano materiale, sei una chiavica. Ti compiaci delle tue intuizioni ma fai ben poco per concretizzarle. C'è qualcosa di molto discordante in te.

M — Hai toccato la corda giusta. Me lo segno sul taccuino: essere più concreto.

A — Come l'Imperatore.

M — ... come l'Imperatore. Altro?

A — Hai voglia! C'è tutta la parte iniziale del sogno da ricostruire. Il gatto ha tutta una sua vasta simbologia, lo sai?

M — Questo lo so! Non sai quante volte ho parlato della simbologia onirica del gatto sui miei canali social.[21]

A — Ecco, il sogno ti invita a riappropriarti del tuo gatto, che

21 https://www.youtube.com/watch?v=a2pgLKcaHyQ (questo sì che è marketing!).

è anche una delle tante immagini dell'Anima. Dovresti curarlo, alimentarlo, proteggerlo, ma non te la senti, hai fretta. E, come vedi, anche nell'Arcano che interpreti hai una specie di gatto che ti pungola e richiede attenzione. Anzi, quello strano animaletto è la prima creatura che si incontra sfogliando un mazzo ordinato di Tarocchi, viene persino prima del Matto! Il gatto, nel tuo caso, è come una piccola Imperatrice dal temperamento sfuggente e felino e, a giudicare dai tuoi sogni precedenti, con l'Imperatrice hai qualche problemuccio.

M — Non è vero! Mi basta sfoggiare il mio humour bagattesco e lei torna a ridere e a volare alta e a dedicarmi tante attenzioni e...

A — *Szock*! Un'altra freccia indirizzata al tuo coccige. Se fai ancora lo sciocco la prossima volta miro in mezzo alle tue braghe calate. Ma ti rendi conto di cosa succede in questo sogno? Qui sotto di me ci sono così tante belle ragazze, e tu che fai per attirare la loro attenzione? gli proponi di giocare a nascondino? A nascondino?! Quanti anni hai? cinque? sei? Poi non lamentarti se quelle non ti considerano.

M — ...

A — No, questa volta il broncio risparmiamelo! Questo sogno ti ha dimostrato che il Bateleur non può sempre funzionare per far ridere l'Imperatrice. Il Bagatto osserva gli Innamorati, ma questi non se lo considerano nemmeno di striscio. Troppo immaturo per loro.

M — Il Bateleur è la mia maledizione!

A — Non esagerare. Dipende sempre tutto da come usi l'energia del Bagatto. Se la usi in modo infantile è uno spreco di magia. Ma guarda, invece, in che modo proficuo agisce nel seguito del sogno. Attinge alla sua arte ed esperienza musicale per "accordare" il sestetto.

M — Già, la musica...

A — Quella che giace sepolta in quel cimitero, insieme a chissà quali altre passioni che hai appreso e hai troncato. Roba da Arcano XIII, ma non lo nominiamo, sarebbe troppo ingombrante convocarlo in questo nuovo set. Era solo per farti capire quanto sei drastico, a volte.

M — Tu dici che, se porto a casa il gatto, che è come una piccola Imperatrice, numero tre, riesco a ricostruire il sestetto del Sigillo di Salamone con le tre voci mancanti?

A — Sa*lo*mone, imbecille! Dipende tutto da come attrezzi il tuo veicolo, che al momento sembra inadeguato. Avevi fretta, neanche il tempo di rimediare gli alimenti e una cassetta per consentire al tuo gatto un viaggio agevole. Parliamo di viaggio, di veicolo, di cassetta, che è simile a una cupola protettiva, tutto questo ci riporta alla simbologia del Ca...?

M — ... del cazzo?

A — *Szock*!

M — Ahia! Dai scherzavo, sono sempre un Bagatto dopotutto. La simbologia del Carro. E infatti eccolo lì alla fine del sogno.

A — Sì, l'ho messo lì perché il sogno si conclude con H. che ti porta in auto per Roma.

M — Ah, Roma, quanto la adoro. E se fosse un'alternativa più gestibile ed equilibrata rispetto agli Stati Uniti? E poi – cacchiaruola! – Roma è la città per eccellenza degli Imperatori! Forse è la città del *mio* Mondo, che coniuga arte, bellezza e concretezza. *Roma caput mundi!*

A — Pure latinista! Bravo, mi sei piaciuto. Però considera che non sei ancora in controllo del tuo Carro, c'è qualcun altro che guida i tuoi cavalli. Perlomeno, ora hai un veicolo più adeguato, sempre che il Maghetto non ti ci installi due candele farlocche come l'altra volta!

M — Già, il signor H. Un tipo dal passato molto controverso e sofferto, con aria da perdente, ma che ha saputo rialzarsi come l'Eroe del Carro. Una persona concreta ma anche un grande idealista controcorrente. E se fosse lui la mia personale versione di Imperatore su cui lavorare?

A — È una buona scelta! State attraversando assieme un bosco, che forse rappresenta il caos indistinto del Matto. Tanti Matti sono lì sepolti, dopo essersi persi in quella fitta boscaglia! Ma arrivate nei pressi di una splendida villa, vedremo forse nel prossimo sogno ai piedi di quale Arcano siete giunti. Fai buoni sogni, Mad Max!

M — Grazie, angioletto, in fondo mi stai simpatico e c'è qualcosa di familiare in te. Dopotutto, le tue alucce ti rendono simile a una papera!

L'importanza del disegno

✳ Nei sogni con ambientazioni intricate può essere utile provare a disegnare, anche in modo schematico, i luoghi del sogno.

✳ Il semplice fatto di disegnare può far emergere nuovi particolari e associazioni, oltre a trasformare il sogno in un atto creativo.

✳ Si può corredare il disegno con appunti e annotazioni, ad esempio gli Arcani Maggiori che potremmo associare ai vari ambienti del sogno (vedi i numeri romani in rosso nel disegno).

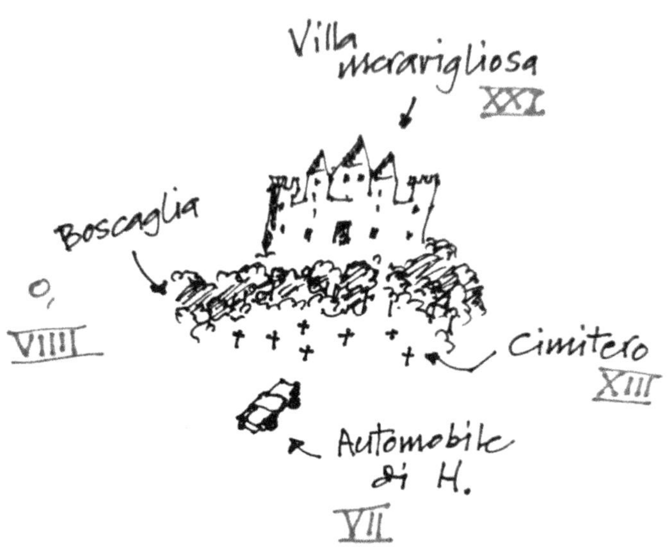

L'AUTO FERMA A ROMA

Sogno del 14 Gennaio 23

Sono a Roma. Decido di muovermi in automobile. Percorro una piazza e svolto in una viuzza laterale. L'auto mi pianta in asso, ha qualche problema alla batteria e la abbandono lì. Torno a verificarne lo stato, è diventata una specie di bivacco. Salgo a bordo e due ragazzi seduti dietro mi offrono del fumo.

Ho con me delle bottiglie d'acqua tutte bucate, mentre una voce dice che ho problemi con l'assicurazione. La scena ha un qualcosa di comico e la Bea[22] ride di gusto.

Personaggi: Carro (Max), Voce fuori campo

22 Moglie di un mio amico con il quale ho sottoscritto un'assicurazione.

CARRO — Il mio Carro è rovesciato e di nuovo una ragazza ride di me. Devo essere più Imperatore. Ok, prossimo sogno?

VOCE FUORI CAMPO — Uuuhhh.

C — Che è questo cupo ululato? Questo oscuro singulto?

V — Uuuuuhhhhh!

C — Così mi fai paura!

V — Uuuuuhhh, sono la Gerusalemme Celeste! Uuuuhhhh.

C — Ma che stai a ddí, questa è Rrroma!

V — Uuuhhh, sono L'occhio che tutto vede! Uhhhhh.

C — Ma io non ti vedo!

V — Uffa! Sono... *Le Monde*!

C — Il Mondo in persona? No, davvero? Wow! Non pensavo si potesse manifestare così facilmente, specie nei miei sogni così sempliciotti!

V — Infatti non mi sto manifestando, per ora puoi udire solo la mia voce. E sappi che quando in un sogno senti una voce fuori campo, si tratta proprio di me. È la voce del tuo Centro, il mitico Sé.

C — E perché mi parli proprio qui, nella Città Eterna?

V — Tu mi hai evocato. Dicevi che Roma è la città del tuo Mondo, il luogo dove ti sentiresti realizzato, molto più di Stati Uniti o Londra. È un Mondo più a portata della tua mano!

C — Ma perché mi parli e non mi appari in tutta la tua completezza, che mi dicono essere "totalizzante"?

V — Mi manifesto solo quando uno è nel Centro, mentre tu hai per ora imboccato una strada periferica. Poco prima, cioè nel sogno precedente, avevi attraversato un cimitero e un bosco, arrivando nei pressi di una meravigliosa villa. Quella era una delle mie porte. Il Mondo è come un'antica cittadella che si erge in mezzo al Bosco sacro dell'Inconscio, separata dalla città dei morti da bastioni circolari. Ci hai messo un piedino dentro, ma ancora sei all'inizio del viaggio. Jung direbbe che hai iniziato la circumambulazione, quella dal giusto lato, il sinistro, il lato dell'Inconscio.

C — *Hmmm,* quanto adoro questi discorsi simbolici! Quindi ora sono tornato alla guida del mio Carro, anche se a ben guardare è un Carro... rovesciato?

V — Un piccolo progresso rispetto all'appiedamento del Matto o all'essere passeggero sul veicolo di altri.

C — Il signor H.! È lui che mi ha condotto qui, novello Caronte, anzi, Carronte! Ahahah!

V — ...

C — Scusa...

V — Tu pensi di poter sempre risolvere tutto con una risata, vero?

C — In realtà non ne posso più di incontrare in sogno donne che ridono a causa mia. Anche questa Bea rideva per la mia goffaggine. Rideva come mi immagino possa ridere la Papessa! E ancora una volta, assocerei suo marito assicuratore all'Imperatore. Nel sogno mi dicevi che ho problemi con l'assicurazione, no?

V — I soliti problemi con le noiose cose concrete. Ma questa è una concretezza diversa, sai? Non è tanto pertinenza dell'Imperatore. Lui è piuttosto egoista, pensa ai suoi beni, o tutt'al più alla ricchezza del suo clan, del suo impero. Qui in ballo c'è una concretezza che coinvolge anche gli altri, le convenzioni civili e sociali, come le assicurazioni.

C — Oh no... La Giustizia! Quanti problemi anche con lei!

V — Un passo alla volta, Carro Max. È solo per non farti concentrare sul solo Imperatore. Prima o poi dovrai lavorare anche sulla Giustizia, che è come un doppio Imperatore. Anche H. aveva problemi con la Giustizia, ma in quel caso quella giudiziaria. Tu non sei in regola con la Giustizia, ma sul piano della quadratezza morale, del rigore, del rispetto delle convenzioni. I cavalli del tuo Carro, ad esempio, non solo non sono imbrigliati, ma sono seduti come tuoi passeggeri e stanno fumando dei gran cannoni. Pensi che un Carro così possa circolare? Sai bene che la Giustizia osserva da vicino il Carro.[23]

C — Sciò! Tornatevene davanti a galoppare, voi due, avete trasformato la mia auto in una spelonca di sfattoni!

V — Questo è parlare da Imperatore! Quei due drughi sono un altro scherzetto del Bagatto: le due candele farlocche di prima sono simili ai due tizi che fumano. Del resto anche le candele fumano!

C — Ahahah! Questa è bella! Devo quindi rimettere in piedi il mio veicolo e continuare l'esplorazione della cittadella del Sé. Mi manca solo un particolare: le bottiglie d'acqua bucate.

V — Chi nei Tarocchi può annaffiare un veicolo? Qualcuno con dei recipienti, legato direttamente al Carro.

C — La Stella? Tiene in mano delle anfore ed è il numero diciassette, lo stesso grado del Carro! Ma la mia Stella aveva le anfore bucate...

V — No, non erano bucate. Sono state svuotate ai piedi del Carro, come per innaffiarlo, per idratarlo, per rifornirlo con un carburante puro.

C — Allora mi aspetto che nel prossimo sogno il mio veicolo torni a fare *brum brum*, con due cavalli meno... tossici!

V — Ihihih! Ora fai ridere persino me. *Bon voyage* da *Le Monde*!

---

23 Nella sequenza degli Arcani Maggiori la Giustizia viene subito dopo il Carro.

Gli elementi ricorrenti

✳ Oltre ai personaggi che tornano a visitarci nei sogni, soffermarsi anche sugli oggetti ricorrenti associati a una specifica situazione: in questo sogno, i due tossici possono ricordare le due candele di qualche sogno precedente e sono sempre aspetti disturbanti collegati al mio veicolo.

✳ Disporre di un diario dei sogni consente di evidenziare gli elementi ricorrenti anche tra sogni distanziati tra loro e per questo motivo è utile tornare a rileggere i sogni del passato. Alcune app di *dream journaling* consentono di costruire automaticamente delle *word cloud* con gli oggetti e i personaggi onirici più ricorrenti.

LA FESTA DI FILIPPO GRAZIANI

Sogno del 15 gennaio

Filippo Graziani[24] dà una festa in una grande villa. Io sono tra gli invitati, ma sono in canottiera e mutande. Con grande imbarazzo cerco i miei vestiti. Dentro di me penso: magari avere almeno indossato i miei stivali da rocker!

Entro in una stanza da letto e sul pavimento scorgo una fatina giocattolo minuscola. Inizia a muoversi, come un animatrone dalle movenze umane perfette. Sfiora il mio dito con la sua bacchettina. Provo ad abbassarmi per accarezzarla, ma scappa via sotto un tappeto. Scopro che lì sotto ci sono anche un serpente e un topo, anch'essi giocattoli animati.

Personaggi: Matto (Max), Bateleur

24 Un mio amico musicista, figlio del celebre Ivan.

Matto — Ancora a piedi e smutandato! BASTAAAH![25]

Bateleur — Ihihih!

M — Riconosco quella dolce risatina: è la voce del Mondo!

B — Mi spiace, non sono lei, ma c'è qualcosa che ci accomuna. Io sono il numero I e lei il XXI, entrambi inizi di qualcosa, anche se su piani diversi.

M — Risparmiami la lezioncina, Filippeur! Tra l'altro sono anche io un Bateleur e non capisco perché il regista del sogno abbia sentito il bisogno di affidare la parte a un altro.

B — Pensaci, anche se il pensiero è spesso nemico della tua testa matta. Ultimamente hai manifestato una certa insofferenza per il tuo Ego da Bagatto. E hai persino detto "il Bateleur è la mia maledizione!" in data 13 gennaio 2023.

M — Ma qui è peggio di un tribunale!

B — La Giustizia è anche questo, Mad Max: assumersi la responsabilità di ciò che si è detto e si è fatto, anche in sogno. A cosa credi che serva tenere un diario onirico come fai sin da ragazzino? Ogni tanto quelle pagine andrebbero rilette. La parola ha un potere magico, agisce segretamente in noi e può far manifestare le cose.

M — Dunque il mio Bagatto interiore ci è rimasto male?

B — Un po'. Non sai quanto sia rischioso abbandonare o annullare il proprio Ego per cercare l'illuminazione, come tanti maestri olistici fricchettoni predicano. Anche l'Ego vuole la sua parte, per quanto difettoso, infantile, "umano". In questo sogno tu vivi le magie del Bagatto come se non ti riguardassero, come se agisse separato da te.

---

25 Personale omaggio all'immenso chitarrista Richard Philip Henry John Benson.

M — In che modo?

B — Il suo ruolo non è più tuo, è stato dato a me, Filippo Graziani. Quando distogli il tuo interesse cosciente da qualcosa di vitale, quel qualcosa non cessa di esistere, ma continua ad agire in modo inconscio, autonomo. Anche io sono un musicista, divertente, scherzoso, faccio magie con la voce e la chitarra. Oltre alla musica c'è, però, altro che ci accomuna. Abbiamo perso entrambi il padre – l'Imperatore – in giovane età. Ma ecco il vero indizio: prova a chiudere gli occhi e a visualizzare quella stanza piena di giochi magici, cosa ti ricorda?

M — È identica alla mia camera di quando ero piccolo! È proprio vero, tu rappresenti una parte di me, o viceversa.

B — È così. Io rappresento la tua parte bagattesca che ogni tanto bistratti. Ma, come vedi, vivo in una villa sfarzosa, piena di persone e di magia.

M — Non dirmi che è una storia tipo quella brodaglia di *Sliding Doors*? Cioè l'altra versione di me che si sarebbe realizzata e avrebbe avuto successo se quella porta della metropolitana si fosse chiusa eccetera, eccetera?[26]

B — Lo vedi quanto sei materialista? Sappi che l'Imperatore agisce in te, ma nei suoi lati Ombra. Come direste voi che leggete i Tarocchi, è come se fosse rovesciato. Valuti la realizzazione di una persona sulla base del successo e della ricchezza. E di fronte a questo tu ti senti un povero Matto, denudato e sbrindellato a una festa di ricconi. Ma come ben vedi, nella mia villa meravigliosa – forse si trova a Roma? Era lì che ti aveva portato H.? – c'è ancora la tua cameretta magica.

---

26 Non ricordo esattamente cosa succedeva in quel film. Non ricordo quasi mai come vanno a finire i film e spesso mi invento dei finali tutti miei (e tutti sballati).

M — Adesso che ci penso mi scatta un *click*! A parte l'imbarazzo di essere in mutande, nessun ospite della festa mi derideva e io mi muovevo per quelle stanze come se fosse stato il luogo in cui abitavo. Anzi, potermi presentare così *déshabillé* è la riprova che ero io il padrone di casa! Come al solito, prestare attenzione a come ci si sente all'interno del sogno fa scattare quel *click*!

B — Esatto, o Matto illuminato! Quella villa era la tua.

M — Così diversa dal *monoloculo* in cui vivo nella realtà...

B — Sono tutte ricchezze e potenzialità che esistono in te, si devono solo manifestare.

M — Non avrai mica intenzione di parlarmi della legge di attrazione...

B — No, ti parlerò di Anima. Che nel sogno si è manifestata in modo eclatante.

M — Uhm, stavolta direi di no. Non ho interagito con nessuna figura femminile.

B — Ne sei proprio sicuro? Pensaci bene.

M — No! Non dirmi che quella microscopica fatina...

B — Tipico dei Matti. Sminuire il potere e la magia del femminile.

M — Era così... piccola...

B — E fragileee!

M — Sì, era deliziosa, minuscola, da proteggere. Provavo a inseguirla ma si è nascosta sotto il tappeto.

B — Come tutte le cose di poco valore o di cui ci vergogniamo: le nascondiamo sotto il tappeto.

M — Eppure lei era una fata, poteva volare alto e fare le magie! Ma sembrava vivesse anche nel sottosuolo, in mezzo alla polvere.

Ci sono: è sempre l'immagine dell'umile papera!

B — Ah, amata e sfuggente Anima. Regina dei cieli, della terra, dell'acqua e del sottosuolo, pauroso regno dell'Ombra! L'Anima ha un rapporto privilegiato con le creature infere.

M — Come il serpente e il topo, altre creature presenti in quella stanzetta! Ma perché sottoforma di giocattoli?

B — Perché tu sei un Bagatto che ama il gioco. Ti è già stato detto che tu ami baloccarti con i simboli come se fossero giochini intellettuali, senza spessore e senza profondità, e soprattutto, senza una vita propria! Invece hai visto, in quelle piccole creature, quanta vita c'è...

M — Pure Biagio Antonacci, ora... Ma ho colto il senso delle tue parole. E mi accorgo di fare spesso questo gioco. Ad esempio, sulla mia scrivania ho una piccola bambolina giocattolo portafortuna: si chiama Cipollina e mi accompagna sempre quando utilizzo i Tarocchi.

B — Tipico degli intuitivi introversi, come direbbe Jung. Avete scarsa familiarità con il mondo materiale, e dunque gli oggetti possono avere poteri magici su di voi, e a volte vi ossessionano. Ma è anche la capacità bagattesca di dare vita alle cose e creare magie a partire da oggetti banali per gli altri.

M — Quanto è vero! Tutto molto interessante, ma perché siamo finiti a parlare dell'Anima?

B — Perché non volevi che ti parlassi della legge di attrazione a proposito del manifestare le proprie potenzialità e tradurle in opere concrete che non siano giocattolini. E allora ti rigiro la frittata parlando dell'Anima. Mettiamola così: ricordi le tre voci basse mancanti nel coro degli Sha Na Na?

M — Quelle che, armonizzate alle tre voci alte, formavano la bellezza del VI, il sigillo di Sa*lo*mone!

B — Proprio loro. Il punto è sempre quello: le tre voci basse corrispondono all'espressione dell'Anima, del femminile, della profondità. Prima era il gatto, ora la fatina, o meglio, la triade infera della fatina, del serpente e del topo.

M — Il trio del Diable!

B — Sì, il tre è un numero magico, di profonda trasformazione. È anche il III dell'Imperatrice, o della papera, chiamala come vuoi, sempre Anima è. Se non riesci a congiungerti con lei, dimenticati il VI, dimenticati la bella festa e, soprattutto, dimenticati l'attrazione. Perché è il VI l'Arcano che attrae e materializza ciò che si desidera. E senza aver integrato lo stadio dell'Innamorato, il Carro dello stadio successivo sarà sempre inadeguato o in panne.

M — Wow... Ecco perché la mia automobile nel sogno di ieri era di nuovo immobilizzata! Quindi, a tutta birra a cercare la mia fatina!

B — Non funziona così. Come hai visto, se vai a cercarla con questa mentalità, lei scompare e si rintana nel sottosuolo.

M — Quale mentalità?

B — Quella della fatina dalle uova d'oro. L'Anima non è un giocattolino da possedere per realizzare i propri desideri. È anzi più facile che sia lei a possedere te. Ed è un Matto chiunque scriva "Io sono il padrone della mia Anima". La fatina ama il silenzio, l'intimità, il buio, il sentirsi ascoltata. Con questi presupposti, sarà lei a venire a cercarti.

M — Ricevuto. Toglimi un'ultima curiosità. Nel sogno parlavo ancora dei miei stivali da rocker, che mi avrebbero fatto sentire meno a disagio. La musica è ancora così importante per me? Ho anche collegato la fatina alla band in cui suonavo da giovane: Thee Hairy Fairies.[27]

27 Traducibile con Le Fate Pelose.

B — Se la musica per te significa voler fare i soldi grossi, come quando suonavi da giovane, dimenticatela. Se invece la intendi come uno strumento di espressione e di dialogo con la tua Anima, comprati una minuscola chitarrina e suona una dolce ninna nanna alla tua fatina.

M — Chiaro.

B — Dici sempre "chiaro", "ho capito", ma poi non fai nulla per cambiare e continui a girare attorno come il Matto.

M — No, no. Stavolta ho capito davvero e nel prossimo sogno forse vedrò dei risultati.

B — Ecco, non hai capito, lo sapevo. Fare le cose solo per vedere dei risultati è ancora la mentalità da Imperatore rovesciato, o da fatina dalle uova d'oro. Fai le cose per te, per sentirti completo, e tutto il resto verrà da sé. Ma ricorda, nella tua ricerca eroica, sul tuo nuovo Carro, porta dietro anche me, non ripudiare il tuo Bagatto. Altrimenti me la canterò e me la suonerò da solo a tua insaputa. Ora scusami, ma ho degli ospiti da intrattenere.

M — Ci penserò, anzi, ci sognerò su. Buona festa e grazie, Filippeur!

L'importanza dell'attività pratica

✳ Quando si coglie il significato di un sogno c'è sempre il rischio di cadere in uno stato di sterile compiacimento, come quando veniamo a capo di un enigma intellettuale.

✳ Per questo è importante assegnarsi dei compiti pratici o di carattere simbolico a seguito del sogno, come conseguenza di ciò che abbiamo appreso e integrato dal nostro Inconscio.

compiti pratici

- [x] Portare dal calzolaio i miei vecchi stivali da rocker
- [x] Riprendere in mano la chitarra e strimpellare una canzone per Cipollina

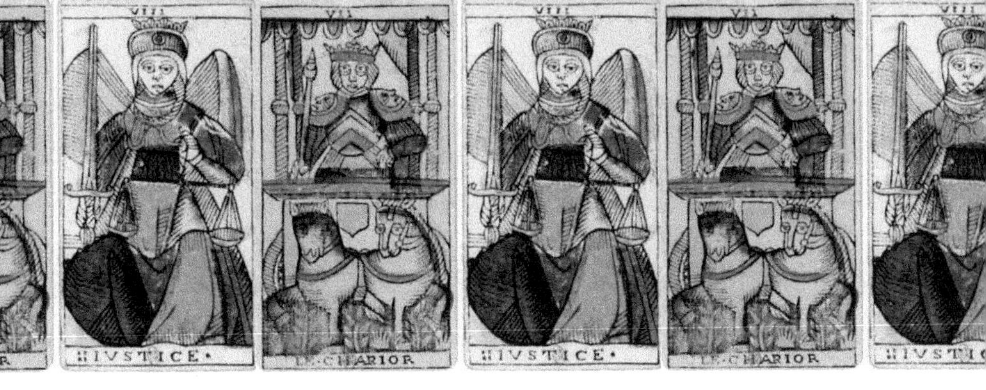

IL MAZZO DI TAROCCHI DIMEZZATO

Sogno del 16 gennaio

Mi accorgo che il mio mazzo di Tarocchi è pieno di carte che non c'entrano nulla con i Marsigliesi: alcune sembrano tratte da altri mazzi, altre sembrano figurine di giochi in scatola. Forse me le ha rifilate P.[28] di nascosto? Mi resta solo metà del mazzo originale e scoppio a piangere.

In una piazza arriva una donna accompagnata da un gioioso carosello, con un barboncino e un piccolo cavallino bianco che fanno delle acrobazie. Accanto a lei c'è anche un bellissimo bambino.

Torno a guidare la mia Ford Mustang. Salgo dal lato del passeggero e mi sposto alla guida. Mi compiaccio che dopo tutti questi anni l'auto funzioni ancora.

Ritorno a registrare un brano con gli Hairy Fairies.

28 Un ex compagno di scuola con cui ho litigato a causa dei suoi... ehm... fanatismi politici.

Sono a Milano nella sede di Banca E.[29] e sto facendo un consulto di Tarocchi a una ragazza.

Paolo Celata[30] fa una diretta da Wall Street. Lo saluto al termine delle riprese ed è così stanco e malmostoso che non mi guarda nemmeno.

Personaggi: Voce del Mondo, Carro (Max), Giustizia

29 Una banca di Milano presso la quale feci (e non uso questo verbo a caso!) uno stage anni fa.

30 Giornalista, collaboratore di Enrico Mentana.

Carro — L'unica cosa che mi balza all'occhio è che sono tornato alla guida di un veicolo adeguato. Per il resto credo di non aver capito nulla di questa accozzaglia di frammenti onirici. So solo che quasi tutti i lunedì faccio sogni grigiastri dove traspare la mia ansia lavorativa. C'è qualcuno che mi può aiutare a destreggiarmi tra tutte queste scenette?

Voce del mondo — Uuuuhhh.

C — Voce del Mondo! Quanto mi sei mancata! Non avrei potuto desiderare di meglio come guida per orientarmi in questo sogno, o tu che sai e vedi tutto!

V — Riciao, Max. Ancora non sei arrivato al Mondo, per cui accontentati di nuovo della sua Voce. Di tanto in tanto mi faccio sentire, per incoraggiarti durante il cammino, o per consolarti, come quando piangevi disperato per quel mazzo di Tarocchi dimezzato.

C — Ero affranto. Forse perché sono così possessivo e affezionato ai miei oggetti?

V — Nel sogno c'era un significato molto più potente di questo. Sai bene che il mazzo dei Tarocchi forma il *mandala* del Sé, che racchiude i misteri della totalità dell'universo e gli accadimenti di ogni individuo. Questa totalità si compone di due metà, una maschile e una femminile, come raffigurato nell'Androgino del Mondo. Le tue lacrime non manifestavano solo l'attaccamento a un oggetto, ma l'ancestrale nostalgia per la tua metà femminile, l'Anima, che eri arrivato a sfiorare tramite la bacchetta magica di quella piccola fata. Osserva il Mondo e vedrai che la bacchetta magica è tra le mani dell'essere completo nel centro. Il Mondo, la conclusione del percorso, è unito al principio, il Bateleur, proprio tramite una bacchetta. L'Anima è esattamente la metà del Mondo. Nel sogno a chi davi la colpa del tuo mazzo dimezzato?

C — È stato quel fanatico di P. a compromettere il mio mazzo di Tarocchi. Che sia un altro sabotaggio del Bagatto? Anche a P. attribuisco delle caratteristiche da Bateleur.

V — Oltre al significato potente che ti ho svelato ci può essere anche un'altra spiegazione; la simbologia dei sogni è così densa e complessa. Nel tuo mazzo di Tarocchi c'erano anche tante carte da gioco: quanta importanza dai tu al gioco! Non dare la colpa a P., piuttosto al tuo onnipresente Bagatto interiore che vorrebbe sempre giocare. P. potrebbe anche rappresentare un modello positivo, fatta eccezione per i suoi fanatismi... ehm... politici.

C — Hai ragione. Riconosco in lui anche una dote da Imperatore. In questo caso il suo sarebbe un sabotaggio a fin di bene, come se l'Imperatore rompesse il giochino al Bagatto per farlo crescere. E infatti nel sogno piangevo come un bambino! Però, ti prego, non chiamiamo in causa anche P. in veste di Imperatore in questo dialogo, non ho voglia di ascoltare le sue puttanate da QAnon.[31]

V — Chi sarebbe ora il fanatico? Vabbè, sorvoliamo. Parliamo di quel gioioso carosello.

C — Se il sogno fosse come un film sembrerebbe la tipica scena allegra che va a consolare l'eroe affranto.

V — Ottima osservazione! È così: le tue lacrime sono state terapeutiche – ce lo direbbe l'amica Temperanza – e aver provato lo strazio della separazione ha fatto materializzare quella donna che avevi inseguito nel sogno di ieri. La riconosci?

C — Ma non mi dire! La fatina? Ancora l'Imperatrice?

V — Certamente! In compagnia, ancora una volta, di due animali – come è tipico per le divinità femminili – un cane e

31 Complottisti di estrema destra le cui teorie hanno avuto particolare presa su molti cosiddetti "operatori olistici" e non solo.

un cavallo. Rappresentano l'evoluzione del topo e del serpente giocattolo, e infatti ricorderai che anche in questo sogno gli animali erano molto piccoli. Hai ora assistito all'apparizione dell'Imperatrice nei suoi aspetti gioiosi e luminosi e non più come trinità infera. È la riprova di quanto sia cangiante l'Anima.

C — Una divinità femminile accompagnata da animali: non è la stessa simbologia della Luna, Arcano XVIII?

V — Lo è, mio Carro Max. La Luna è l'immagine che meglio rappresenta la simbologia dell'Anima, in tutta la sua mutevolezza e duplicità. Come la Luna, l'Anima può generare la vita o distruggerla. Ogni Arcano Maggiore contiene una particolare raffigurazione di Anima, come hai sperimentato con l'Imperatrice e la Papessa. Se vuoi una citazione parecchio esoterica, puoi pensare alla Luna come al ricettacolo di tutte le possibili varietà di Anime.

C — Wow!

V — Ihihih! Sapevo che questa ti sarebbe piaciuta. E ti dirò di più: l'Anima porta sempre con sé un frammento di Mondo, è come un ponte che collega al Sé. Ne vuoi la prova? Ripensa alla scena quando Lei appare.

C — Fammi pensare. Eravamo in una piazza...

V — Una piazza centrale, vero? Simbologia del Mondo, che è sempre il centro.

C — C'erano tante persone a guardare questo spettacolo, radunate attorno alla donna.

V — Sempre il Mondo, che funge da elemento centrale ordinatore del caos indistinto.

C — C'era questa donna con diversi animali...

V — Anche nella mandorla del Mondo appaiono diverse creature.

C — Il tutto sembrava uno spettacolo circense.

V — Il circo è un cerchio, con gli spettatori tutti attorno a un centro. Ma a differenza del circo del Matto, che è uno zero vuoto e non conduce a nulla di definito, in questo centro c'era la donna.

C — E infine c'era un bambino.

V — Il bambino è la manifestazione di colui che Jung chiamava il *Filius Philosophorum*, la pietra filosofale che congiunge gli opposti. È sempre un fanciullo miracoloso ad annunciare la venuta del Mondo, lo puoi vedere anche nella sequenza perfetta degli Arcani Maggiori.

C — Accanto al Mondo c'è il fanciullo del Giudizio che resuscita!

V — L'ultima prova che si trattava di un'immagine del Mondo te la potrei fornire io, ma ti basterebbe contare i personaggi che costituivano quel magico circo.

C — C'erano la signora, i suoi due animali e quel bambino: totale quattro. La quaternità! I quattro elementi disposti attorno al Mondo!

V — Ben detto. Ora seguimi. Tu dici fin dall'inizio che vedi la tua Anima come Imperatrice: la fata (che è la stessa donna di questo sogno), la papera, o meglio, l'aquila incastonata nel suo scudo.

C — È per questo che dicevi che l'Anima si porta dietro un pezzo di Mondo? L'aquila dell'Imperatrice fa parte della corona del XXI! Seguendo il tuo ragionamento, il bambino potrebbe corrispondere all'angelo, il cavallo al leone e il cane al bue.

V — Passi per l'accostamento fanciullo-angelo, ma che corrispondenze trovi tra cavallo-leone e cane-bue?

C — Il cavallo è un animale fiero, fulmineo, regale, come il leone, mentre il cane, come il bue, è un animale molto più legato alla terra, intendo dire, al corpo, ai bisogni primari, alla sensazione.

V — Ci sta. Ihihih!

C — Che viaggio ragazzi, che viaggio! Ma scusami tanto, di fronte a questo florilegio di simboli del Mondo, perché non sfoderiamo l'Arcano XXI come protagonista di questo sogno?

V — No, mio Carro. Troppo prematuro. Nell'Arcano XXI c'è anche un quinto elemento, la Quintessenza, l'androgino, che come vedi manca nel conteggio. Manchi tu. Manca la fusione con l'Anima. È per questo che intravedi il Mondo ma non sei nel Centro. Sei ancora in periferia, tra gli spettatori.

C — Me misero! Il viaggio è ancora lungo quindi...

V — Lo è, ma il potere del Mondo agisce e orienta anche se non lo puoi vedere e toccare. Il Mondo ha un potere rivitalizzante, tramite il tocco dell'Anima. E quando senti questo tocco possono accadere solo cose numinose.

C — Il tocco del mio dito con la bacchetta della fatina... così simile alla *Creazione di Adamo*! Ma quali cose numinose mi sarebbero accadute dopo quel contatto?

V — Osserva cosa ti è successo dopo la visione dello spettacolo del Mondo. Sei tornato alla guida della tua Mustang, mentre prima eri passeggero. Non sarà sfuggito a un conoscitore di simboli ed esperto di marketing come te che il cavallino argentato è anche il logo della Ford Mustang e che il *mustang* è proprio una razza di cavallo.

C — Ehm... te lo stavo proprio per dire! Quindi è come se l'Anima mi avesse fatto dono di un prezioso cavallo per trainare il mio Carro! Sai, quell'auto me l'ero comprata dopo che l'Imperatore, mio padre, era morto. Era un periodo particolare, mi stavo per laureare ed ero pieno di aspettative e di timori riguardo al mondo del lavoro. Era il periodo dell'Innamorato, delle scelte. In qualche modo sono ritornato lì, al VI, e ripenso a quella pappardella che mi aveva sciorinato Filippo Graziani sull'Innamorato e sulla legge dell'attrazione collegata all'Anima.

V — Se non sbaglio, e a me capita raramente, Filippo ti aveva anche raccomandato di tornare a fare musica, di imbracciare di nuovo una chitarra per fare una serenata alla tua amata fatina.

C — ... e nel sogno sono tornato a fare musica con le "Fate pelose"! Mi sconvolge notare come i sogni di una stessa notte, per quanto così eterogenei, facciano parte di un'unica trama. Però la parte del consulto tarologico in banca e la scena di Paolo Celata non la capisco proprio.

Giustizia — E QUI SUBENTRO IO.

C — Noooh! Aiuto! Voce, fatina, anatre e bestie di ogni genere, aiutatemi, proteggetemi da questa insostenibile creatura!

G — Sei ingiusto, Max. Lo sei sempre stato nei miei riguardi, o meglio dire, nei tuoi riguardi.

C — L'interpretazione di questo sogno mi stava così piacendo e arrivi tu a guastare la festa! Voce, ti prego, falla sparire!

G — La voce del Mondo se n'è andata, non è a tua disposizione, non è una fonte di superpoteri al tuo servizio. È anche per questo che appaio alla fine del tuo sogno. perché tu non ti senta troppo galvanizzato ed euforico dopo questo prematuro contatto con il potere del Mondo, cioè del Sé.

C — Va bene, ti ascolto, ma posa quella spada.

G — La mia spada non è solo un'arma di difesa, è anche uno strumento di analisi. Io sono, infatti, molto analitica e metodica, e anche se sei sempre così cattivo con me voglio insegnarti una tecnica. Quando non cogli le connessioni tra le varie parti del sogno, cerca di trovare le similitudini, ciò che le accomuna, utilizzando le armi del pensiero e del sentimento. Ti chiedo innanzitutto: cosa accomuna la scena di te che leggi i Tarocchi in quella banca e lo spezzone di Paolo Celata dopo la diretta a Wall Street?

C — Messa così, sento la risposta affiorare con grande chiarezza: entrambe le scene sono accomunate da un contesto affaristico, da banca, ambito che riconduco all'Imperatore. È dove sarei dovuto approdare a seguito dei miei studi universitari.

G — Splendida analisi. Ora utilizza il mio bilanciere per soppesare le emozioni che accomunano le due situazioni.

C — Frustrazione. Non sentirsi nel posto giusto. Desiderare di inseguire le proprie passioni, lontano da quei luoghi stressanti e frenetici, come Milano o Wall Street possono essere.

G — E perché proprio Paolo Celata?

C — Lo valuto come un potenziale intrattenitore, con un gran senso dell'umorismo. Ah, e suona anche la chitarra.

G — Stai parlando di te.

C — ... e lo vedo sempre così di fretta, ingabbiato da Mentana, il suo direttore, che lo sottopone a ritmi di lavoro insostenibili.

G — Sempre tu, con il tuo particolare rapporto con il mondo del lavoro impiegatizio, con un capo che ti dice cosa fare, con gli orari e le scadenze da rispettare. Capisci ora perché hanno dato la parte a me per il finale di questo film?

C — So che tu non lo fai apposta a essere così intransigente. L'ordine è fondamentale per regolare l'ebbrezza dell'Eroe, così come è fondamentale che ognuno consegua la propria missione in armonia con un senso di Giustizia individuale e collettiva. Non ci sono solo primi premi, ma anche responsabilità e tasse da pagare.

G — Parli come un libro stampato, Carro Max. Non è che temi la mia punizione?

C — Eheh! Ma no, ma no. Forse il solo guardarti negli occhi ha riattivato quella sbiadita Giustizia che abita da qualche parte in me.

G — Vogliamo quindi riepilogare? Il candidato provi a sintetizzare il sogno avuto in data odierna. Tempo concesso per la risoluzione del tema: trenta secondi.

C — Dopo il tocco salvifico dell'Anima, che mi ha fatto intravedere uno spiraglio di Mondo, mi sono riappropriato del Carro e si è riaperto il bivio della scelta dell'Innamorato, ma questa volta con più consapevolezza, grazie alla presenza di Sua Eccellenza la Giustizia. Il bivio è caratterizzato, anche questa volta, da aspettative e sogni, ma anche timori legati a concretezza e solidità imperatoriale. Che in parole povere significa: credo ancora nei miei sogni, legati alla passione dei Tarocchi, ma ho paura di dovermi cercare un lavoro stabile per pagare le bollette. Voto?

G — Un onestissimo sei e mezzo.

C — Ehm... grazie.

G — L'assicurazione è stata regolarizzata. Puoi proseguire il tuo viaggio.

C — *Brummm! Brummm!*

Il ruolo delle emozioni

✳ Anche i sogni più intricati sembrano dipanarsi se ci si sofferma ad analizzare le emozioni che li accomunano.

✳ Domande chiave per approcciare l'analisi di un sogno:

Come mi sono sentito al risveglio?

Cosa ho provato durante il sogno?

Esiste un'emozione prevalente che sembra fare da sfondo a tutto il sogno?

Quali di queste emozioni provo/ho provato nella mia vita e perché?

✳ Può essere utile "mappare" le emozioni collegate al sogno utilizzando lo schema suggerito, evidenziando quelle prevalenti e collegandole a ciò che ci capita nella vita reale:

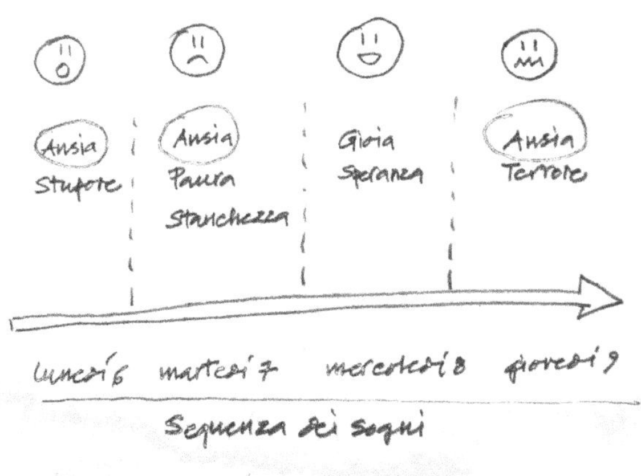

IL TRASLOCO ORDINATO

Sogno del 17 gennaio 23

Devo traslocare dall'appartamento di Bologna dei tempi universitari. Impacchetto le mie cose, buttandone via delle altre.

Nel garage di casa noto degli attrezzi ben ordinati sugli scaffali.

Personaggi: Carro (Max), Giustizia

Carro — Direi proprio che siamo a cavallo! Il mio viaggio sta riprendendo a partire dal bivio che mi ero lasciato indietro ai tempi dell'università.

Giustizia — FERMO, UOMO.

C — Ah, ancora tu. Ogni volta che appari mi prende un colpo.

G — Mi rattrista questa tua costante diffidenza nei miei riguardi. Eppure stai familiarizzando sempre più con me.

C — Vuoi dire, in questo sogno?

G — Certo, perlomeno qui. Ma la rettitudine sta nel comportarsi in modo giusto anche nella vita reale.

C — In che modo?

G — Devi essere coerente con le prese di coscienza dovute al sogno anche con atti e scelte concrete nella vita reale. È anche in questo che mi differenzio dall'Imperatore.

C — Nella coerenza?

G — Diciamo piuttosto nell'integrità, parola a me molto cara.

C — (Ohibò! Sento che sta per partire la lezioncina!) Ti ascolto, cara.

G — Conosci la simbologia del numero otto e dell'ottagono: la massima perfezione che l'uomo possa ottenere sulla Terra, in quanto ordinata approssimazione di un cerchio a partire dalla pietra grezza, il quattro. Questa perfezione dell'otto consegue dall'essere "quadrati sotto", cioè sul piano materiale, e "quadrati sopra" sul piano spirituale, o mentale. Chi ben pensa, ben agisce.

C — Quindi l'Imperatore, essendo solo "quadrato sotto", pensa male?

G — No, affatto. Ma il suo pensiero è tutt'uno con la materia, lui stesso è la materia, la pietra grezza. I suoi pensieri sono cristallini e finissimi, ma rivolti alla conservazione e all'arricchimento della sua materia. Il suo interesse esclusivo è la *realpolitik*. Ci vorrà il Papa per aprirsi all'orizzonte dell'immateriale. All'Imperatore l'immateriale interessa nella misura in cui può essere d'aiuto nel controllo e nel governo della materia. È un tipo spartano, senza fronzoli. Ma anche molto coerente con la sua natura.

C — Mentre tu saresti ben messa anche ai piani alti, il "quadrato superiore"?

G — Sta lì la mia perfetta doppia quadratezza. Il mio quattro superiore non è schiavo della materia individuale, contempla l'ideale di un bene collettivo. Un equilibrio dove il benessere del singolo si realizza su tutti i piani e, come in un ingranaggio perfetto, non va a intaccare il benessere degli altri. So che i tuoi libri di microeconomia ammuffiscono in garage come la tua chitarra, ma è proprio questo il concetto di equilibrio "Pareto-efficiente".

C — E come si raggiunge, grazie al tuo aiuto, questa integrità?

G — Operando nella realtà in conseguenza di ciò che hai appreso di te dal mondo del sogno. Il lavoro con i sogni, o in generale con l'Inconscio, fa parte di quella quadratezza ai piani alti che si collega ai piani bassi. Anche il sogno ha una sua realtà materiale, per quanto invisibile, che si somma alla realtà visibile. Di nuovo l'otto come 4 + 4.

C — E tu dici che l'Imperatore non fa questo lavoro di integrazione grazie ai propri sogni?

G — Non farmi ridere, Max! L'Imperatore crede solo alla realtà che vede e che tocca. Per lui l'Inconscio non esiste e i sogni sono una ridicola perdita di tempo. È un essere del tutto razionale. Ma non riesci a immaginare che incubi sconvolgono di tanto in tanto le sue notti. Incubi dai quali non apprenderà mai nulla, e forse li considererà un malocchio lanciato da un suo concorrente in affari.

C — Quindi, per essere integro e retto, devo comportarmi nella realtà come ho fatto nel sogno?

G — Sbagliato. In quel caso saresti un burattino nelle mani dell'Inconscio. L'integrazione avviene con il contributo del tanto vituperato Ego, che deve sempre essere vigile e presente. Questo significa che quanto hai appreso dal sogno devi approcciarlo con la spada della coscienza, assumendo delle scelte consapevoli, soppesate con il bilanciere del sentimento e della tua etica personale. Il lavoro sul Sé consiste in questo: cercare la propria completezza, con una cooperazione tra Inconscio ed Ego, e con la mediazione dell'Anima. Se tutta la collettività agisse in accordo con il proprio Sé, sarebbe una società perfetta. È anche errato pensare che chi è in contatto con il Sé debba ritirarsi su una torre d'avorio o in un eremo, disdegnando la società civile o considerando gli altri "pecore dormienti", come fanno molti maestri fricchettoni post new age: è per questo motivo che l'Eremita ha sempre il suo sguardo rivolto verso di me. Fine della lezioncina... bada che ti avevo letto nella mente! Torniamo al tuo sogno, anche se il suo significato mi appare chiaro.

C — Più ripenso alle tue parole, più colgo l'appropriatezza della tua statuaria figura in questo sogno. Stavo facendo proprio quello che dicevi: alcune cose le conservavo e le impacchettavo per bene, altre le buttavo via, con un lavoro di discernimento e ponderazione.

G — E questo è un lavoro ben fatto. Considera che su un Carro non c'è spazio per troppi vettovagliamenti. La funzione di un garage è proprio quella: parcheggiare e custodire in buon ordine gli strumenti che in quel momento non ci servono, facendo attenzione che non diventino un covo di scarafaggi, come la tua chitarra o i tuoi libri universitari.

C — O, mia Giustizia, sei la regina del *decluttering*!

G — Questa mi ha fatto molto ridere. La tua arma bagattesca è sempre molto efficace per relazionarti agli altri. E la confidenza con cui ti rivolgi a me è il segno che mi stai ben integrando.

C — Grazie a te non solo sto scoprendo il tuo valore, ma anche quello dell'Imperatore che tanto mi manca. A proposito di Bateleur, ultimamente mi trovo molto bene nel ruolo di Carro.

G — So che sogni spesso veicoli, automobili, treni, aerei. Il tema del Carro, in tutte le sue accezioni, era evidentemente un tuo aspetto da compensare. Pian piano stai attrezzando e migliorando il tuo veicolo, rendendolo "a norma" nel senso che mi è caro.

C — È tutto merito dei tuoi insegnamenti. A pensarci bene, anche il sogno di stanotte sembra all'insegna del *decluttering* rispetto al sogno di ieri: meno caotico, più sobrio e più chiaro.

G — Si fanno sogni così articolati e complessi quando l'Inconscio vuole comunicarci tante cose. Mentre a buon intenditore, poche parole.

C — Concluderei con una citazione musicale, omaggiando la mia arte da Bateleur: "*I had too much to dream last night*".[32]

G — Continua sempre così, con il tuo Carro sempre ben trainato dai valori della Giustizia, ispirato dalla magia del Bateleur e con buona musica in sottofondo. Buon viaggio!

---

32 Brano dei The Electric Prunes traducibile con "Ho dovuto sognare troppe cose, la scorsa notte".

I sogni brevi e incisivi

✳ Personalmente ho riscontrato che i sogni "migliori" sono quelli più sobri, incisivi, con un messaggio molto chiaro e che richiede un minore sforzo di interpretazione.

✳ Sono anche quei sogni che raccontano una storia autoconclusiva, con un inizio e una fine ben determinabili, come in una bella fiaba.

✳ Anche certi incubi o brutti sogni possono avere carattere di sobrietà e incisività, ma sono distinguibili per il loro contenuto emozionale cupo, drastico, malinconico; quei sogni che in definitiva ci lasciano una brutta sensazione al risveglio. All'interpretazione di questi sogni va dedicata massima attenzione.

LA GUIDA PERFETTA

Sogno del 18 gennaio

Guido lungo una strada cittadina. Vari pedoni e automobili attraversano la strada all'improvviso o mi sbarrano la strada, ma io riesco sempre a frenare o a schivare in tempo ogni ostacolo, con perfetto controllo del volante. Al mio fianco è seduta Lara.[33]

Più tardi tenta di sedurmi, vestendosi da maestra di scuola.

Personaggi: Imperatrice, Carro (Max)

33 Una mia ex di diversi anni fa.

Carro — Ho la colonna sonora perfetta per questo sogno: *Crosstown traffic*![34] Facciamo un *check*. Motore, c'è. Olio, c'è. Alternatore, c'è. Freno a mano, c'è. Pressione delle gomme, c'è. Assicurazione, c'è. Ah, ci sei pure tu.

Imperatrice — Sì, sono tornata, ma non credere che sia *quella* Lara.

C — Ogni volta mi confondo. Come faccio a capire se la persona che sogno è realmente quella persona oppure un simbolo?

I — Non è sempre così facile capirlo, dipende se la persona che sogni fa parte del tuo passato o se hai ancora rapporti con lei nella tua vita attuale.

C — Da quanto non ci vediamo, Lara?

I — Lo sai meglio di me: dal 2008.

C — Quindi tu sei una figura femminile simbolica, una parte di me. La solita Anima, dalle sembianze di Imperatrice! Fatti dare una controllata alla schiena.

I — Ma che fai? Pensa a guidare!

C — Volevo vedere se hai le ali da papera. Perché in quel caso te le taglio, così non mi voli più via, sono ancora traumatizzato da quel sogno!

I — Bravo, così ti ritrovi al tuo fianco una Papessa imbronciata incollata alla poltrona! Massi, non impari proprio mai...

C — Ma allora sei Lara! Solo lei mi chiamava Massi e non Max...

I — È molto faticoso tenere distinte le cose, lo so. Quando la tua Anima viene proiettata su qualche donna reale si crea un

---

34 Brano di Jimi Hendrix, dove esprime la metafora di sentirsi rallentato da mille impedimenti e da ragazze che lo tormentano mentre cerca di arrivare in auto dall'altra parte della città.

groviglio inestricabile. Ma non puoi pensare di possedere l'Anima, è una bestemmia. Anche quando mi presentavo sotto forma di fatina mi sono rifugiata sotto il tappeto, temevo che se mi avessi raggiunta avresti strappato le mie delicate ali...

C — Non avrei mai fatto una cosa del genere, lo sai. È solo che quando scompari ci resto sempre male.

I — Povero piccolo, vieni qui. Io non posso scomparire, perché sono parte di te. Si può filosofeggiare su cosa avverrà tra noi quando morirai, tipo ora che stai per SCHIANTARTI CONTRO QUELL'AUTO! FRENAAA!

C — Tranquilla, è tutto sotto controllo. La Giustizia mi ha dato qualche lezione di guida. Di guida sicura. Ricordi in quanti sogni viaggiavo senza freni o addirittura in retromarcia? Ora guido che è una delizia. Prima che mi dimentichi, devo farti ancora i complimenti per quello spettacolo circense con il cavallo e il cane.

I — Il sogno era tuo, è anche merito tuo. Se ancora non l'hai capito, la magia avviene ogni volta che siamo assieme, quando il tuo maschile incontra il femminile. Tu pensi di essere un Bateleur e che la magia creativa sia un potere tutto tuo. Ebbene, caro Bagatto, sappi che la tua magia, senza di me, produce delle solenni minchiate. Avviene quando operi con la sola bacchetta magica. Coglierai anche la velata e freudiana allusione: come ben sai, nascono degli obbrobri quando voi uomini ragionate solo col c...

C — ... col Carro?

I — Sì, sì, intendevo proprio quello. Comunque spero di essermi spiegata.

C — Quindi è questo il significato della monetina, elemento femminile, nell'altra mano del Bagatto: la vera magia avviene quando bacchetta maschile e monetina femminile si congiungono. Ha un che di tantrico tutto ciò.

I — Ecco, lo vedi che pensi solo al sesso?

C — Chi, io? Ma senti chi parla! E tu che mi volevi sedurre vestita da maestra? Questa me la devi proprio spiegare!

I — Ehm... No, ma che dici, io, tu, lei, ... Ma come ti permetti di far arrossire un'Imperatrice? Io l'ho fatto per... ehm... tre motivi. Sì, tre motivi, ecco. Il primo ha a che fare con la definizione stessa di sogno, che si coglie meglio in tedesco: *traum*. Suona traumatico, vero? Riecheggia il motivo dell'incubo, il "giacere sopra" al dormiente da parte di creature notturne.

C — Questa lezioncina imparata a memoria non è da te, Imperatrice. È più da Papessa.

I — Come sei arguto! Infatti ricorderai che nel sogno ti seducevo vestita da maestra, cioè da Papessa.

C — Ma com'è che trovi sempre il modo di cavartela? Chi mai è riuscito a metterti all'angolo?

I — Nessuno può mettere l'Imperatrice in un angolo!

C — Ti prego, *Dirty Dancing* no. Ma continua pure, Impera-tri-cessa!

I — Come osi?!?

C — Non intendevo offenderti, sei tu che nel sogno eri un mix tra Imperatrice e Papessa!

I — Anche tu, quanto a riuscire a trovare sempre il modo di cavartela, non scherzi. Ci sai fare con le parole, Bagattaccio bagattato! Il secondo motivo, a parte gli scherzi, è che volevo dimostrarti cosa significa essere "posseduti" dall'Anima. Tu non puoi possedere l'Anima, te lo dico per la quarta volta, ma ti è già stato detto che l'Anima può possedere te. Quando questo accade, si manifestano i tuoi atteggiamenti più terribili e lunatici: malinconie immotivate, cambi di umore repentini, e la fatidica “furia della Dea esclusa”.[35]

C — Oh, mia Imperatrice, non sai quante volte ho sognato di non riuscire a partecipare a un banchetto...

I — Si torna sempre alla tua ferita primordiale, quella che ti stampa in viso il broncio di Mercoledì Addams: non sentirti considerato e apprezzato.

C — Basta, cambiamo discorso o mi metto a ululare alla Luna! Parlami del terzo motivo.

I — Questa è tosta, tieniti ben saldo al volante. La Papessa mi ha confidato che ti senti in soggezione con lei, e allora ho assunto le sue sembianze per farti cambiare idea.

C — Sacrilegio! Volevi farmi accoppiare con la Papessa!

I — Massi, l’ho fatto per il tuo bene. La tua soggezione nasce dall’idea che le Papesse possano amare solo gli Imperatori, per via della formula 4 + 2 = 6.

C — Così è. Per questo da grande vorrò fare l’Imperatore.

I — Ecco, non rimanerci male, ho una brutta notizia da darti: tu non potrai mai essere un Imperatore. Sai bene cosa dice Jung riguardo ai tipi psicologici. Tu sei un Bateleur intuitivo e non potrai mai padroneggiare la funzione a te opposta della sensazione: la corporeità, la terra, la materia; in altre parole, il seme dei Denari. Proprio questa è l’essenza dell’Imperatore che ti manca e ti mancherà per sempre, piccolo mio!

C — Soffro...

I — Aspetta, ho detto che non potrai mai padroneggiare del tutto l’essenza dell’Imperatore, ma c’è un modo per godere dei

---

35 Vedi il mito del pomo della discordia, la mela lanciata da Eris, come vendetta per non essere stata invitata al banchetto nuziale, e che porterà per una concatenazione di eventi alla guerra di Troia.

suoi frutti. Come andavi in matematica?

C — Facevo pena, pietà e misericordia. Sai quanti incubi dello studente faccio ancora oggi, dove sono terrorizzato all'idea di dover sostenere la prova di matematica. Oppure sogni in cui il professore di matematica è assente e non fa mai lezione nella mia classe.

I — Lo so, anche questa è la riprova che l'Imperatore, maestro della geometria, non fa parte del tuo raggio d'azione. Però saprai fare almeno 1 + 3.

C — 1 + 3 = 4, cioè l'Imperatore! E quindi?

I — Chi è l'Uno? Chi è il Tre? Sveglia, Massi!

C — Il mio Bateleur... e te!

I — Bravo! Questo significa che, quando sei fuso con me, la tua Anima imperatricesca, puoi arrivare indirettamente all'energia dell'Imperatore. Ricordi quante cose belle – e concrete! – sono successe da quando il mio scettro ha toccato il tuo dito a casa di Filippo Graziani? La tua auto ha iniziato a marciare come si deve. Imperatrice e Bateleur hanno questa speciale connessione, grazie al fatto che sono entrambi muniti di scettro, che non ha nulla da invidiare a quello dell'Imperatore. L'Imperatrice può dare quadratezza all'arte spesso ingenua e autoreferenziale del Bagatto.

C — Che figata! Ma allora, cosa succederebbe se riuscissi a integrare l'Imperatore, a fonderlo con le mie doti da Bateleur?

I — 4 + 1 = 5. Diventi un Papa. Ma magari lo scoprirai in un prossimo sogno. Ora per favore accosta e fammi scendere che ho altro da fare. Questa volta non scompaio volando via, se no mi scoppi a piangere, ma sappi che l'altra volta ho fatto *puf* perché la tua guida senza controllo mi dava il voltastomaco.

C — Ahahah! Ti adoro, mia Imperatrice. E ora corro tra le

braccia della Papessa per mostrarle il mio Imperatore.

I — Non provarci nemmeno!

C — Scherzetto da Bagatto. *Brummm! Brummmm!*

Le persone reali nei sogni

✳ Non è sempre facile capire se le persone che sogniamo stiano mettendo in scena una parte di noi oppure il sogno parla proprio di quelle persone in modo oggettivo. Una tecnica è chiedersi se conosciamo e frequentiamo nella realtà attuale la persona sognata. In questo caso, il sogno parla di quella persona e di dinamiche reali in atto con lei e delle quali non siamo pienamente coscienti. Se invece è una persona che non frequentiamo più da anni, il regista onirico le sta probabilmente attribuendo un ruolo simbolico, e potremmo chiederci:

Perché proprio lei per interpretare questa scena?

Come era la mia vita quando frequentavo quella persona?

Quale dramma o commedia viene messo in scena grazie a lei?

Perché Lara in questo sogno?

- Aveva davvero fatto "PUFFF!"
- Mette in scena il trauma dell'abbandono
- Detestavo come mi impediva di inseguire il mio sogno legato alla musica, ma mi teneva anche con i piedi per terra!

I MANDARINI MARCI

Sogno del 19 gennaio

Un grande spazio fieristico all'aperto. Si è appena svolto un torneo di Advanced Squad Leader. Alcuni operai stanno smantellando tavoli e attrezzature per riporle ordinatamente in un grosso camion. Si avvicina C., uno degli organizzatori. Inizia a parlarmi ma lo coglie un attacco di panico.

Mi muovo in un altro spazio e c'è N.,[36] che ha appoggiato sul tavolo due sacchi di mandarini. Ne prendo uno ed è marcio. Mi dice di prenderne dall'altro sacco, perché quelli marci li utilizzerà per dolcificare le castagne.

Personaggi: Bateleur (Max), Imperatore

36 Un mio amico che ultimamente ha dato segni di disturbo mentale.

Bateleur — Ma guarda, indosso di nuovo le vesti che mi sono più comode! Immagino che il regista del sogno mi abbia assegnato ancora una volta questo ruolo perché si parla di gioco. Forse anche per quei sacchi appoggiati sul tavolo? Per non parlare dei tavoli del torneo che vengono smantellati. È come se qualcuno stesse sottraendo al Bateleur il suo prezioso tavolo.

Imperatore — Hai iniziato a parlare da solo? Quale squilibrio mentale ti ha colpito?

B — Non ci posso credere. Tu sei l'Imperatore? Sto finalmente incontrando l'Arcano IIII? Non sai da quanto tempo speravo di incontrarti!

I — Sì, diciamo che nelle ultime settimane mi hanno leggermente fischiato le orecchie. Perché mi cerchi così ossessivamente?

B — Per integrarti.

I — Per fare che?!

B — Niente, stavo parlando da solo. Dimmi piuttosto come mai sei finalmente apparso nei miei sogni e perché ti hanno dato questa parte.

I — Non chiederlo a me, io non ci volevo neanche venire qui. Sai che per me il sogno è una perdita di tempo. Vado nel panico alla sola idea di trovarmi in questa gabbia di matti invece che presiedere al mio impero! Poi figurati che voglia avevo di sostenere una conversazione con il Bagatto, fannullone ciarlatano perditempo che non sei altro!

B — Non ti agitare! Il regista ti avrà sicuramente dato dei gran soldi per convincerti a venire qui.

I — Io sono quadrato e incorruttibile! Guardie, arrestate questo diffamatore!

B — Chiedo venia. Allora ti avranno convinto con delle spiegazioni solide e razionali.

I — Ciò corrisponde a verità. Ecco, nel mio contratto di ingaggio sono riportate le motivazioni. Leggile pure a voce alta.

B — "La Sua eccellentissima e reverendissima Signoria è invitata a far parte..." bla bla bla "che porterà lustro e gloria eterna al suo Regno..." bla bla bla. Ah, ecco le motivazioni: "nel sogno di ieri, il protagonista, a colloquio con Sua Maestà l'Imperatrice, prospettò l'opportunità di godere dei frutti dell'Imperatore. Inoltre, il suddetto Maxeleur manifestò il desiderio di integrarLa onde conseguire lo stato di Papa. Restiamo in attesa di Sua graditissima..." bla bla bla. Ok, ci sono.

I — Ora sono qui, dimmi che vuoi.

B — No, niente, praticamente io...

I — Iniziamo malissimo, giovane. Cerca di parlare in modo concreto, sobrio e senza tanti giri di parole.

B — Perché tu nel ruolo di C. ed N.?

I — Uno è un avvocato, l'altro un ingegnere. Persone quadrate, razionali, analitiche, ben vestite ed economicamente realizzate, come piacciono a me.

B — Però entrambi manifestavate un certo... ehm... squilibrio. L'uno con attacchi di panico, l'altro andato completamente fuori di testa nella realtà.

I — Questa parte, lo confesso, non la ricordo. Mi perdonerai se la leggo dal copione: "Trattasi del famoso 'colpo del Matto', ciò che colpisce a sorpresa tutti i personaggi dei Tarocchi per renderli un po' folli, vale a dire, più umani. Ha a che fare con la compensazione."

B — La compensazione di cui parla Jung!

I — Cioè il fatto che devo ricevere un compenso?

B — Pfffahahah! No, Sire. La compensazione è un meccanismo che nei sogni ci porta a vedere l'altra faccia della medaglia, soprattutto quando idealizziamo troppo una persona. Ti faccio un esempio. Io idealizzo la tua figura e tutti coloro che la interpretano nella vita reale, e in questo sogno mi viene mostrato che anche l'Imperatore ha un lato folle, irrazionale, umano, e dunque alla mia portata.

I — Però non diciamolo troppo in giro di questo colpo del Matto che colpisce anche la mia autorevole figura.

B — Figuriamoci, manterrò il segreto come una Papessa.

I — A questo punto avrei un monologo di dieci minuti dove ti viene spiegato il perché della scena dello smantellamento del torneo di gioco, o in altre parole del tuo tavolo da Bagatto.

B — Per me possiamo saltarlo, mi è abbastanza chiaro. È come se le mie energie da Bagatto venissero depotenziate, sottraendo i miei giochini. In questo modo si liberano in me energie fresche – Jung parlerebbe di libido – per poter progredire nell'integrazione degli altri Arcani, a partire dal tuo. Ma come mi ha insegnato la Giustizia durante il trasloco da Bologna, i miei attrezzi sono sempre a disposizione, se custoditi in buon ordine, proprio come fanno gli operai di questo sogno. Può essere che il camion sia un'ulteriore evoluzione del mio Carro?

I — Un camion si differenzia da un'auto in quanto più grande e capiente, in grado dunque di trasportare più equipaggiamento e più passeggeri.

B — Non ci avrei mai pensato!

I — Il mondo dell'inconscio non mi è familiare, ma le mie doti analitiche possono aiutarti anche nell'interpretazione dei sogni. Ne vuoi un'altra prova? Parlami dei mandarini, descrivimeli in modo elementare, come se parlassi a un bambino.

B — Dicesi mandarino un frutto di colore arancione, molto buono e vitaminico. Credo di ricordare che viene coltivato soprattutto in Sicilia.

I — C'è qualche Arcano Maggiore che assoceresti al mandarino, ispirandoti a questa tua descrizione?

B — Colore arancione, vitamine, Sicilia... il Sole! Sì, il mandarino stesso mi ricorda un sole.

I — Bene. Appoggiamo lì sul tavolo il mandarino per un momento e passiamo alle castagne.

B — Continua, mi sta piacendo questo gioco!

I — Descrivi cosa sono per te le castagne, nuovamente, nel modo il più possibile elementare, come se parlassi a un bambino.

B — La castagna è un frutto marrone, che si mangia soprattutto in autunno. Ha la forma di un cuore, o di un calice. Mi viene anche in mente che in certe zone castagna è sinonimo di vagina, ma questo non diciamolo al bambino!

I — A quale Arcano Maggiore ti fa pensare?

B — Il mandarino l'ho associato al Sole, un'energia maschile, di tipo *yang;* mi viene allora spontaneo associare la castagna a un'energia femminile, umida, di tipo *yin*. Ci sono: la Luna!

I — Ora immagina che un mandarino venga spremuto sopra una castagna.

B — Un accoppiamento! Un accoppiamento tra Sole e Luna, tra maschile e femminile! Ci sono arrivato grazie a una canzone di Robert Johnson con un doppio senso legato alla spremitura del limone, altro frutto di natura solare.[37]

---

37 Il brano è *Travelling Riverside Blues* e la frase è "you can squeeze my lemon 'til the juice run down my leg", ripresa anche dai Led Zeppelin in *The Lemon Song.*

I — Mettiamo sul tavolo anche questo indizio. Il tavolo è il tuo supporto prediletto, Maxeleur, e vari oggetti che sembrano scollegati possono essere più facilmente uniti quando li hai tutti sotto gli occhi. Utilizza il tavolo come fanno gli investigatori quando cercano di collegare i vari indizi. Fallo davvero, disegnando, scrivendo, o con dei post-it attaccati al muro.

B — Mi piace molto questo tuo metodo investigativo, così rigoroso e analitico, Empereur!

I — Siamo solo agli inizi. Abbiamo fatto uno zoom su mandarini e castagne; torna ora a osservare il quadro generale dall'alto, ripensando a quella frase che sembra aver generato questo nuovo sogno: i frutti dell'Imperatore.

B — I mandarini sarebbero quindi i frutti dell'Imperatore! E, nello specifico, di colui che nel sogno me li offriva: l'Imperatore un po' Matto in versione N.

I — Ne aveva due sacchi: in uno c'erano quelli marci, negli altri, evidentemente, quelli integri. Cosa ne deduciamo?

B — Che N. ha separato i mandarini buoni da quelli marci. Sempre Imperatore razionale è, per quanto Matto! Mi ricorda quella discriminazione che stavo facendo nel sogno del trasloco da Bologna.

I — Stai finalmente estraendo il succo dell'Imperatore, ma per favore niente doppi sensi alla Robert Johnson. Torna a zoomare sui mandarini, questa volta ponendo l'accento sul fatto che alcuni erano marci. Quand'è che una cosa diventa marcia?

B — Quando non viene utilizzata, o quando viene male conservata. Come quei mandarini che ho comprato qualche settimana fa e che ora stanno ammuffendo nella mia dispensa – *click!* – Eureka! Stanno ammuffendo, come la mia chitarra e i miei libri di economia mal riposti nel garage!

I — Ho sentito il tuo *click*: Sei riuscito a cogliere il filo rosso che collegava la prima scena del sogno, quella con gli operai che sistemavano le attrezzature in modo ordinato, alla seconda scena dei mandarini di N.?

B — Decisamente! Entrambe le scene parlano di "conservazione"!

I — Ebbene, io sono il principe della materia e della sua conservazione. Ho a cuore il produrre ricchezza, anzi, il fruttificare, a partire da ogni materia prima, anche quella scadente e scaduta. Con me non si butta via mai nulla, sono il re del riciclo! Sono io il custode del tuo garage, anzi, sono il garage stesso. Tutte le tue passioni dimenticate, tutti i tuoi giochi e i tuoi studi, non sono mandarini ammuffiti di scarso valore, ma possono ancora dare il loro frutto. Sei ora pronto per questa rivelazione, consideralo il mio dono: ciò che butti nel garage diventa il compost che alimenta la tua bacchetta magica da Bateleur.

B — Impara l'arte e mettila in garage!

I — So anche che ci sei rimasto male quando la mia amica e collega Imperatrice ti ha detto che non potrai mai essere Imperatore. Non potrai mai avere il sacco dei mandarini buoni. Ma anche i tuoi mandarini marci possono fruttificare, tramite l'arte.

B — È un grande dono, mio Imperatore. E fa il paio con il metodo analitico che mi hai trasmesso. In pratica si analizza ogni dettaglio del sogno, lo si collega agli altri indizi, osservando il tutto da vicino e dall'alto, come in un'indagine poliziesca, fino a che si giunge al *click*.

I — Basta con i complimenti ora, devo tornare ai miei affari. Arrivederci.

B — Arrivederci. Oh, c'è un'ultima cosa...

I — Mi dica, Tenente Col... osimo![38]

Colombeur — Quella cosa del tocco del Matto. I mandarini marci erano di N., non erano i miei. Era lui che li avrebbe riciclati per dolcificare le castagne.

I — Gliel'ho spiegato, Tenente. Io e lei abbiamo già risolto il caso sviscerando ogni indizio fino alla noia.

C — Lo so, non è nulla di importante, ma è un particolare che ancora non riesco a mettere a fuoco e – io mi conosco – non mi farà dormire la notte. Sa, alla centrale sono così pignoli e una volta mia moglie mi ha detto che...

I — Mi dica, tenente, non mi faccia perdere altro tempo!

C — Stavo pensando che anche l'Imperatore, talvolta, può produrre frutti marci. E se fosse proprio quello il risultato del tocco del Matto? Una follia che colpisce l'Imperatore all'improvviso e che corrompe la solidità della sua materia?

I — E va bene, ha vinto lei, tenente! Mi vergogno a morte ad ammetterlo ma è così. Anche noi Imperatori abbiamo un difetto fatale. Quando nessuno ci vede, ben chiusi nella nostra fortezza, ci concediamo il lusso di dare di Matto. Per noi è insopportabile dover indossare tutto il giorno questa maschera, rassicurare e proteggere gli altri. E chi rassicura noi? A noi chi ci protegge? *Sigh! Sob!*

B — Non piangere, Imperatore, questo scherzo mi è sfuggito di mano e ti chiedo scusa. Permettimi di invocare il tuo perdono facendoti dono di questa perla: sono proprio i frutti con qualche difetto a essere i più gustosi.

---

38 Omaggio al tenente Colombo dell'omonima serie poliziesca.

La compensazione

✳ Per Jung una delle funzioni primarie del sogno è la compensazione. Personaggi e dinamiche dei sogni hanno anche lo scopo di compensare gli atteggiamenti squilibrati e unilaterali che il nostro Ego manifesta nella vita cosciente.

✳ Una domanda chiave in questo senso è: che cosa vuole compensare questo sogno? Quali miei atteggiamenti unilaterali vuole correggere e controbilanciare?

➾ cosa ha voluto compensare questo sogno?

- la mia eccessiva passione per il gioco
- l'eccessiva considerazione per le persone "Imperatore" come C. ed N.
  - ➾ Anche loro hanno tanti difetti!

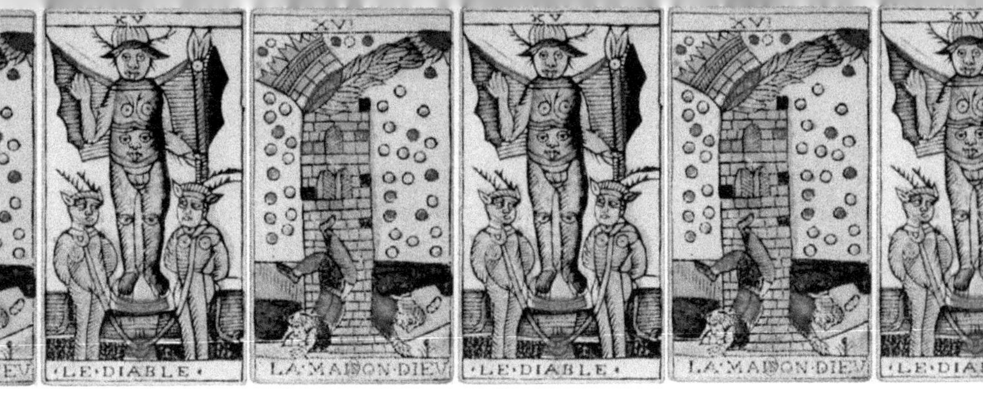

LA FESTA NELLA MEGAVILLA

Sogno del 20 gennaio

È il compleanno di A.A.[39] Si terrà a casa mia, che è diventata una splendida e grande villa. Al suo interno ci sono numerosi locali, tra cui un bar con tanto di bancone e una vera e propria sala da ballo. C'è anche un ingresso esterno con insegna "Advanced Squad Leader" che porta alla mia stanza dei giochi. La festa è caotica e rumorosa. Mi chiedo chi rimetterà tutto a posto dopo la festa e se ci saranno danni al mobilio.

Dopo la festa, alla quale in realtà non ho partecipato attivamente, sono sdraiato su un divano con i postumi di una sbronza. C'è un ragazzo che mi parla. È identico a Terence Hill, in versione texano sdrucito alla *Lo chiamavano trinità*. Riguardo alcuni video della festa e scopro che lui era il dj. Un mio amico lo riconosce e dice che il suo nome è Devil.

Personaggi: Maison Dieu (Max), Diable

39 Un mio amico molto benestante.

Maison Dieu — Mon Dieu, ma che mi è successo? Cosa sono diventato? Cos'è questo frastuono?

Diable — *TUNZ! TUNZ! TUNZ! TUNZ!*

MD — Ehi, mister Deejay! Abbassa la musica che non ci sto capendo niente!

D — *Tunz... tunz... tunz...*

MD — Poi mi spiegherai bene chi sei. Che sei il Diable lo so, vieni espressamente citato nel sogno. Ma che c'entri tu con Terence Hill e quale parte diablesca di me interpreti è l'enigma di questo sogno. Ma ti avviso che sono diventato un mago nella risoluzione degli enigmi, grazie alle tecniche poliziesche che ho assorbito dall'Imperatore.

D — Beh, se sai già tutto tu io continuo a fare il mio lavoro. *TUNZ! TUNZ! TUNZ! TUNZ!* SU LE MANI!

MD — No, perdonami, credo di aver bisogno di qualche aiuto da voi Tarocchi anche questa volta.

D — Stai diventando piuttosto presuntuosello ultimamente, nonché superbo. Non è ai livelli della vanità, il peccato capitale preferito dal diavolo in versione Al Pacino,[40] ma anche la superbia mi stuzzica parecchio.

MD — Superbo? Io?

D — Vogliamo ricordare come hai trattato l'Imperatore ieri? Credi di essere diventato un supereroe per aver messo sotto – o come dici tu "integrato" – l'Imperatore? E allora eccoti la punizione divina!

MD — È per questo che mi ritrovo nei panni della Casa Dio con il suo fulmine tra capo e collo?

---

40 Citazione del film *L'avvocato del diavolo*.

D — Sì, è anche per quello. Hai peccato di superbia. Ma come sai, tu che ti vanti di aver fondato l'OniroTarologia, ci vuole più di un motivo per scegliere un Arcano Maggiore nell'interpretare un sogno.

MD — Ti ascolto con umiltà, lo prometto, come farebbero quei due chierichetti prostrati dinanzi al Papa. E pensare che mi sarei aspettato di imbattermi proprio nel Papa in questo sogno, poiché le mie forze da Bagatto sommate a quelle dell'Imperatore, che credo di aver integrato, producono il cinque. Ed eccolo qui, il cinque, ma del livello successivo![41]

D — Quanto sei lontano dalla verità, Maxon Dieu! La tua natura da Bagatto emerge anche qui. Parli del lavoro con i sogni e sul Sé come un nerd dei videogiochi: "Ho sconfitto il boss di fine livello e ho aumentato i miei poteri, quindi posso *leveluppare*!". Cosa pretendi, in poche settimane? Fare su di sé tutto il lavoro di una vita? Pensi di aver davvero integrato l'Imperatore nell'arco di un sogno? Bene, vuoi giocare? Ecco qui chi sa giocare meglio di te! Ho quadruplicato i tuoi presunti poteri da Imperatore ed è apparso il XVI:[42] la tua testa va a fuoco che sembri un Super Saiyan![43] Impara la lezione: con l'Inconscio non si gioca, la Ruota te lo può spiegare meglio. Un momento sei lassù, il momento dopo precipiti a terra tra la polvere. Puoi ben vedere nel sogno chi ho messo al centro della festa, sul trono dell'Imperatore. Non tu, ma A.A., il tuo amico riccone. È lui nel ruolo dell'Imperatore, segnale evidente che ancora non sei in grado di indossare per bene i suoi panni. La festa si tiene a casa tua ma questa volta sei solo una comparsa. Ma tu paghi il conto del buffet, delle abbondanti bevute, del mio DJ set e delle pulizie.

---

41 L'Arcano del Diable è il numero XV.

42 Quattro volte l'Imperatore: 4 x 4 = 16, la Maison Dieu.

43 Personaggio della serie *Dragon Ball*.

MD — Sono affranto e costernato, umile come non mai.

D — Sì, come no.

MD — Credo di intravedere in ciò che mi accade un'applicazione di quella famosa compensazione junghiana. Esiste una compensazione tra la destra e la sinistra, vale a dire tra la Coscienza e l'Inconscio, ma anche tra l'Alto e il Basso, cioè tra il Sé che sta lassù e il misero Ego che sta quaggiù. Il Sé è assai più potente dell'Ego e ha il potere di schiacciarlo e ridurlo in pezzi come un fulmine a ciel sereno, specialmente quando si mostra troppo arrogante ed ebbro di potere. Sono stato troppo Carro ultimamente!

D — Questo è parzialmente vero: dici bene a proposito del potere del Sé sull'Ego, ma non è detto che questo particolare archetipo – come lo chiamate voi umani – si trovi solo lassù, come se fosse una cosa da illuminati con visioni angeliche. Ci si può imbattere nel Sé anche quaggiù, nel mio regno. Anzi, è proprio in basso che occorre scavare. Jung ne parla spesso.[44] C'è una mia collega e vicina di casa che riesce a compiere il miracolo di unire contemporaneamente l'alto con il basso e la destra con la sinistra. Si chiama Temperanza, e semmai avrai la fortuna di incontrarla in sogno ti potrà spiegare il segreto della Croce. È anche molto amica dell'Imperatore, condividono assieme la quaternità.

MD — Anche la Giustizia mi parlava di un concetto simile riguardo all'unione del quadrato alto e del quadrato basso; la chiamava integrità. In cosa la Temperanza si distingue dalla Giustizia?

D — L'integrità della Giustizia ha sempre a che fare con una dimensione sperimentabile nella realtà della vita civile, dove la pulizia mentale è coerente con il controllo della materia. Si distingue dall'Imperatore perché alla funzione del pensiero

44 "Non si raggiunge l'illuminazione immaginando figure di luce, ma portando alla coscienza l'oscurità interiore." Carl Gustav Jung

analitico, la spada, aggiunge la ponderazione del sentimento, la bilancia. Ricorderai che l'otto è un numero perfettissimo, come approssimazione "umana" del cerchio divino a partire dal quattro. La Temperanza, invece, include una totalità molto più estesa, poiché nel suo XIIII è presente sia la dimensione umana del IIII che il cerchio divino dell'X. Ora, io sono la persona meno indicata per parlarti di divinità e di Dio; tu sei libero di credere o non credere, ma accontentati in questa sede di considerare Dio come archetipo della Totalità, come Sé. Ebbene, il segreto della Croce della Temperanza è molto legato al mistero del Sé, perché è nell'incrocio, nel Centro che il Sé si manifesta. La Temperanza è l'angelo della centratura: ha le ali divine ma ha i piedi per terra e ha un fiore al centro della fronte.

MD — Il terzo occhio!

D — *Whatever*. Scusa, ogni tanto mi viene da parlare in Inglese, sai, Terence Hill ha vissuto a lungo negli Stati Uniti.

MD — *Click*! La mia passione per gli Stati Uniti e il sogno infantile di trasferirmi lì...

D — Ricordi come era sbrindellato nel film *Lo chiamavano Trinità*?

MD — *Click*! Come il Matto, deriso e umiliato come me in molti sogni recenti... e molto spesso anche nella realtà. Ma Terence Hill mi ricorda da vicino anche il Bateleur! In molte scene il personaggio di Trinità fa vere e proprie magie! Giù la maschera, Diable. Tu sei la mia Ombra! E ti dirò di più: sei l'Ombra che se la sta spassando con la mia Anima! La mia amata Imperatrice è anch'essa una trinità, una trinità che può essere infera proprio come te!

D — *You got me, man!*

MD — Ma perché nel sogno fai il dj?

D — Suono la musica. La musica del Diavolo. Ti dice niente?

MD — Il blues! La musica con cui sono cresciuto!

D — Sei stato proprio tu a evocarmi, ieri, quando hai parlato di Robert Johnson. Anche lui parlava di un incrocio.[45]

MD — A voi creature dell'Inconscio non sfugge proprio nulla! Ma a me invece sfugge il motivo centrale per cui tu sei qui.

D — Sono qui per ricordarti l'importanza del radicamento, a maggior ragione perché tu interpreti la Maison Dieu, dove un personaggio precipita e va a riprendere contatto con le proprie radici. Dove c'è la Casa Dio, lì nei pressi c'è sempre lo zampino del Diavolo. Scruta bene il mio Arcano, vedrai che i personaggi agganciati al mio piedistallo hanno delle radici, e io stesso, nella mia perfetta imperfezione, sono la radice di voi uomini.

MD — Ora comprendo! Sei venuto per insegnarmi a non troncare mai il legame con le mie radici, con la mia Ombra: quel Terence Hill sbrindellato ma inaspettatamente magico che coabita nelle mie profondità. Questo insegnamento mi giunge dopo aver sperimentato l'ebbrezza di colui che era salito come un fulmine allo status di Imperatore. E – credimi – schiantato su questo divano accuso tutti i postumi della guida in stato di ebbrezza!

D — Dici bene, sei salito come un fulmine e un fulmine ti ha colpito. Fulmine chiama fulmine.

MD — E questa è un'altra motivazione per cui interpreto questo Arcano. Ve ne sono altre?

D — La simbologia stessa della casa. Non ricordi che nei Tarocchi la simbologia della Maison Dieu ha a che fare con l'invo-

45 Robert Johnson è un bluesman leggendario vissuto negli anni '30. Si dice che il suo brano più celebre, *Cross road blues*, racconti di come abbia siglato un patto con il Diavolo, presso un incrocio, per apprendere i segreti della chitarra.

lucro corporeo? L'anima abita il corpo come se fosse la sua casa. Ma se preferisci parlare da junghiano, è una metafora della maschera, o del personaggio con cui ci identifichiamo in virtù degli oggetti che possediamo. Nei sogni, la casa può riflettere lo spazio di coscienza che abitiamo e che ci è familiare. Noterai che la tua casa onirica si è ingrandita molto. È una conseguenza della famosa integrazione dell'Imperatore, al quale piace portarsi dietro tante ricchezze; ricorderai che nel sogno di ieri c'era anche un grande camion pronto al trasloco. In questo nuovo spazio ampliato di coscienza ritrovi tutto ciò che ami a livello materiale: feste, musica, persino la tua sala dei giochi.

MD — Quanta strada ho fatto... Non sono più quell'umile ospite alla festa di Filippo Graziani! Ora ho una casa tutta mia per festeggiare, e anche l'Arcano XVI è adatto a rappresentare un clima festoso e di grande piacere, grazie al VI degli Innamorati che in esso riecheggia.

D — Ma è una casa che ancora non abiti appieno, si è ingrandita troppo velocemente. Quando si amplia troppo in fretta la coscienza a discapito dell'Inconscio possono sempre esserci delle ripercussioni, specie se l'involucro corporeo non è pronto a ricevere gli influssi del Sé: l'emanazione del disco solare che vedi ritratto nell'Arcano XVI. La mente rischia di esplodere se questi contenuti non vengono assimilati e ponderati con lentezza. Mentre tu sei partito alla grande con una festa che ti ha provocato una sbornia.

MD — *Burp!* Ehm... pardon. La capacità di analisi che ho appreso dall'Imperatore mi spinge anche a collegare la grande villa di questa notte a quella di Roma, alle porte della quale H. mi aveva condotto, attraversando il bosco e il cimitero. Si direbbe che il povero Max ora ha un'abitazione nella città degli Imperatori!

D — Applauso. Questa era sfuggita persino a me! Ne sai una più del Diavolo... ma non montarti la testa!

MD — No, per carità! Un altro fulmine non lo reggerei.

D — La festa è finita, ora ti tocca pulire e rimettere tutto in ordine. Anche questo ti insegna il sogno: una grande villa va curata e mantenuta con tanta attenzione. Non far sì che la sporcizia si depositi, le mura si incrostino e l'orto si trasformi un nido di vipere. Tienila sempre pulita e illuminata con il contributo della coscienza, altrimenti verrà inghiottita di nuovo dal bosco dell'Inconscio.

MD — Grazie, Diable. Ora mi prendo un'Aspirina, sperando che mi passino i postumi della festa, e mi metto a letto, nell'attesa del prossimo sogno.

D — *See you soon, Max!*

Il titolo del sogno

Quando trascriviamo il sogno è utile dargli un titolo caratteristico, che ne catturi l'essenza e al tempo stesso sia intrigante, come se fosse il titolo di un film, di un romanzo o di una fiaba. Senza scervellarsi troppo però! Deve essere un titolo carico di una certa emozionalità, ma partorito con spontaneità. Il titolo può stimolare anche intuizioni che completano e integrano il processo di interpretazione, come nell'utilizzo della parola "megavilla" in questo sogno.

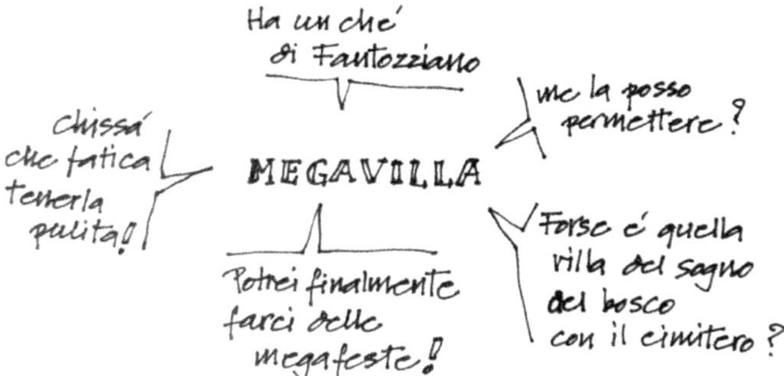

RISOTTO D'ANATRA

Sogno del 21 Gennaio

Sono a Bologna o a Milano, in una sede universitaria. Conosco una ragazza di cui mi innamoro, ma poi sparisce.

Cambia la scena. Sono a Rimini e si sta svolgendo un grande banchetto con gli amici del mare. In una tavolata parallela alla nostra sono radunati vari amici e parenti milanesi di R.[46] che sono venuti a trovarlo. Sto mangiando un risotto di pesce. Nel piatto scorgo tante piccole teste di anatra e una zampa d'anatra mezza mangiata.

Personaggi: Bateleur (Max), Papessa, Sole

46 Un amico di Milano. Si è trasferito a Rimini dopo una brutta separazione e si sta rifacendo una vita qui.

Bateleur — Questo sogno non ha senso. Non trovo alcun collegamento con i sogni precedenti. Probabilmente è perché ieri ho mangiato riso alla cantonese e mi è rimasto sullo stomaco, ed ecco spiegato questo sogno strambo. Ci possiamo aggiornare domani?

Sole — Non essere sempliciotto, Max! Non fare come quegli allocchi che attribuiscono incubi o sogni strani a ciò che hanno mangiato! Resta vero che in sogno possiamo rivivere vicissitudini delle giornate reali, ma queste costituiscono il materiale che il regista del sogno, come un bizzarro Bateleur, ricicla e rielabora per costruire la sua storia, per quanto senza senso. Voglio infatti sottolineare questo aspetto: i sogni non hanno senso.

B — Che cosa?! E me lo dite solo ora? Dopo tutti questi anni che li studio e tento di interpretarli?

S — Aspetta, non disperarti. Provo a spiegarmi con altre parole. Mi accorgo che le mie verità sono spesso taglienti e infuocate. Ti confermo che i sogni, di per sé, non hanno alcun senso, o se preferisci, alcuna utilità; è il lavoro creativo che si fa alla luce della coscienza, come quello che stai riportando in questo libro, che dona senso e utilità al sogno. Sai quante persone vivono benissimo anche senza lavorare sui propri sogni! Tu, in quanto Bateleur, conosci le basi dell'Alchimia: ebbene, i sogni sono come quella materia prima, umile, ignorata, persino sgradevole, che gli alchimisti sapevano tramutare in oro. Io sono il Sole, io sono quell'oro.

B — Saresti davvero tu il Sole? Fatti vedere per bene. Tu mi sembri piuttosto quel milanese un po' malandato di R., scartato dalla moglie come un reietto e rifugiatosi a Rimini.

S — Mi sono già espresso in merito, leggi sopra: "sono come quella materia prima, umile, ignorata, persino sgradevole, che gli Alchimisti sapevano tramutare in oro". Conoscerai anche quel salmo che Jung cita spesso: "La pietra che i costruttori hanno scartato è diventata la pietra d'angolo". E aggiungo anche: "nessuno è profeta nella sua patria".

B — Ok, ok, sei stato chiaro. Ma quali sarebbero le caratteristiche che ti rendono paragonabile al Sole?

S — La mia concretezza, la mia solarità – nonostante tutte le mie disavventure – e l'essere sempre il primo ad aiutare e sostenere gli altri. Sono un ottimo padre per le mie figlie e riesco a stringere amicizia con tutti, anche da forestiero. Poi sai bene che sono un grande lavoratore. Aggiungici anche che adoro il mare e la compagnia.

B — Ma anche tu hai un lato ombroso e malinconico.

S — Anche il Sole ha la sua Ombra, che si allunga con la separazione.

B — Parli della separazione da tua moglie?

S — Proprio quella: la separazione da mia moglie, la Luna. Il Sole diventa arido quando è lontano dall'umidità lunare. La Luna, bada bene, rappresenta sia il mio lato femminile, la mia Anima, sia il grembo materno, il mio domicilio. La Luna è l'Inconscio, e il Sole, come coscienza, nasce dalla Grande Madre dell'Inconscio. I due tavoli di quel banchetto onirico sono simili alle due case raffigurate nella Luna, e anch'esse parlano di separazione e di lontananza siderale. Ma ora basta parlare di me. Non puoi essere così ingenuo da non capire che R. mette in scena una parte di te.

B — Sì, osservando il sogno con l'aiuto della tua luce riesco a mettere a fuoco cosa mi accomuna a R.: Milano, che riconduco ai miei trascorsi professionali bancari, e la separazione dalla mia Anima, che è tornata a fare *puf* nella prima parte del sogno.

S — Metti ancora più a fuoco l'ambientazione della prima scena. Parli di un contesto universitario: tu hai studiato sia a Milano sia a Bologna.

B — Bologna è la città dalla quale pensavo di aver traslocato con successo nei sogni precedenti. Confidavo di aver chiuso finalmente i conti con quel periodo ed ero già lì che familiarizzavo con la mia nuova grande casa.

S — Ma nella tua nuova casa mancava qualcosa: una figura di Anima. Non te n'eri reso conto, vero? Torna a leggere il sogno di ieri. Per questo motivo il sogno odierno ti ha fatto ripiombare ai tempi universitari. Hai fatto un trasloco parziale. Hai preso con te tutto il ben di Dio che l'Imperatore ti poteva donare ma hai lasciato indietro la cosa più importante: l'Anima, in versione Papessa, quella che ama l'Imperatore, i cui panni ancora indossi goffamente.

B — Sento che sta per arrivare un poderoso *click*! È affiorato un particolare del sogno che mi ero dimenticato. Per questo motivo è così utile parlare dei propri sogni! Tra la prima scena dell'università e quella ambientata a Rimini è successa una cosa: mi stavo baciando con Giuly, una ragazza con cui stavo negli ultimi anni di università e che mi aveva accompagnato durante il trasloco! L'ho trattata così male, non hai idea di quanto fossi rabbioso in quell'epoca, forse anche per la morte di mio padre. Sì, ora vedo chiaramente che è stato nel periodo universitario che mi sono separato dalla mia Anima, che è rimasta ancora a Bologna.

S — Esattamente come ho detto: il sogno ti ha fatto ripiombare nel luogo dove la tua Anima si è separata da te. Ma c'è anche un altro motivo: tornare ai tempi dell'università, di quando eri studente, può essere tradotto con il linguaggio dei Tarocchi come il Bateleur che incontra la Papessa. Forse perché devi vivere l'umiliazione di tornare come un Bagatto all'inizio della sequenza dei Tarocchi, ancora sui banchi di scuola.

B — E la Papessa è anche perfetta per interpretare il ruolo di Giuly! Eccola lì. Ciao, Papessa...

Papessa — Ciao...

B — Scusami tanto...

P — ...

B — Parlami, ti imploro!

P — ...

B — Vieni qui, fatti baciare!

P — *Puf!*

S — Ora anche tu sei separato.

B — Mi viene da piangere e da vomitare al tempo stesso.

S — Non fare così, figliolo, forse è colpa del riso alla cantonese di ieri. Continuiamo a far luce sul sogno. Ti rivelo una tecnica "solare" per analizzare i sogni. Come un'aquila, animale a me associato, osserva il sogno dall'alto e poi fiondati direttamente sul particolare più bizzarro. Alle volte sta lì il bandolo della matassa.

B — Per restare in tema di cibo cinese, direi senza dubbio che è quel risotto con teste d'anatra che mi ha colpito di più.

S — Una zuppa d'anatra. Ti fa venire in mente qualcosa? Forse quel vecchio film dei fratelli Marx, *Duck Soup*?[47]

B — La mia vita da Bagatto ha molti aspetti comici, questo è vero, ma mi balza agli occhi per l'ennesima volta il simbolo dell'anatra, che è simile alla papera! L'anatra o papera come animale totemico della mia Anima, e in particolare della mia Anima in veste di Imperatrice.

S — Sembrerebbe che tu abbia fatto una strage di anatre e te le sia mangiate. Peggio dell'Arcano XIII, che con i suoi piedi ossuti calpesta teste mozzate e arti troncati, come la zampa d'anatra dentro al tuo risotto. Conoscerai la metafora dell'anatra zoppa,

47 In Italia noto come *La guerra lampo dei Fratelli Marx*.

quando un organo politico non riesce a prendere decisioni. O visto che siamo a Rimini, immaginati un moscone da salvataggio con un solo remo che sa girare solo in tondo.

B — Come me, senza il supporto della mia metà femminile! L'Anima è la mia copilota, mi aveva detto la Papessa. L'Arcano XIII mi parla dunque di separazione, o ancora meglio, di disintegrazione, di frammentazione. Tante teste di anatra significano che la mia anatra, cioè la mia Anima, non è integra, ma dolorosamente frammentata.

S — Hai tritato per bene la tua Anima, facendone una zuppa! Stai assimilando in malo modo la tua componente femminile e questo ti ha provocato il mal di pancia.

B — Oppure è un altro modo per rappresentare quella spremitura della papera dalle uova d'oro di cui sono già stato accusato.

P — Finalmente te ne stai rendendo conto! Ricorderai anche che io stessa si dice stia covando un uovo. Tu me lo hai sottratto con l'inganno e ne hai fatto una frittata di anatre!

B — Prometto che questa sera mi nutrirò di un'insalatina, come gesto simbolico per espiare a questo misfatto.

P — Forse ti perdono...

S — Io, che sono l'emblema della fusione che si contrappone al caos della disintegrazione, forte di questo muro di mattoni ben saldi e cementati, io che conosco il valore dell'unità avendo sperimentato sulla mia dorata pelle il trauma della separazione, sancisco questa nuova unione tra Maxeleur e la Papessa.

B — Quindi... questo era un banchetto nuziale in nostro onore! Così diverso dalla festa caotica di ieri...

P — Speriamo che l'Imperatrice non sia gelosa per non esser stata invitata al banchetto e non scagli la sua... anatra della discordia!

B — Sempre meglio la zuppa di teste d'anatra del riso alla cantonese di ieri.

TUTTI (IN CORO) — Amen.

Rivivere il sogno con il corpo

Quando in sogno incontriamo alcuni elementi bizzarri e particolarmente enigmatici può venirci in soccorso la funzione della sensazione, quella più corporea e legata ai cinque sensi, oltre a quella del sentimento. Nel caso della zampa, ho provato nella realtà a mimare con il corpo un'anatra zoppa, e grazie a questa immedesimazione ho avuto l'intuizione riportata nel dialogo.

PREMESSA ALL'ULTIMO DEI DICIASSETTE SOGNI IN SEQUENZA

Nel circoscrivere l'esperimento onirico personale mi sono posto sin dall'inizio un obiettivo: così come il primo sogno mi aveva ispirato la stesura del Libro Grosso, così avrei atteso un sogno che mi avrebbe comunicato quando concludere la sequenza dei sogni. Quel sogno è arrivato il diciassettesimo giorno, in onore alla Stella che considero la tutrice e la nutrice dei sogni.

Una piccola nota strappalacrime: mentre mettevo mano alla correzione della bozza, ho aggiunto una battuta finale al dialogo e mi sono commosso. Era il 14 febbraio 2023. Sempre a opera della sincronicità, in quei giorni cadeva l'anniversario della scomparsa di Freak Antoni, e i fan degli Skiantos coglieranno l'omaggio. Nel corso del Libro Grosso ho inserito, a mo' di enigma, una seconda citazione di un loro brano. Chi la coglie mi scriva un'email a info@onirotarologia.com; vi offrirò un caffè o vi darò una pacca sulla spalla, a seconda delle disponibilità economiche e della mole di richieste, e sempre che l'email sia ancora attiva. In alternativa, potete sempre venire a trovarmi sul mio canale Instagram, dove pubblico cose piuttosto interessanti e tengo regolarmente dirette su Tarocchi e sogni: https://www.instagram.com/onirotarologia/ .

LA MAESTRA BUONA CHE REGALA GIOCATTOLI

Sogno del 22 gennaio

Una maestra di scuola introduce un nuovo metodo didattico: accanto ai materiali delle lezioni regala agli alunni dei giocattoli abbinati a ciò che sta insegnando.

Personaggi: Papessa (Max), Libro

...

...

...

Papessa — Ma ci sono solo io oggi?

...

P — Qualcosa mi dovrò inventare, questo dialogo non può essere una lunga serie di puntini di sospensione... Dunque, sono una maestra, per di più una brava maestra, ed ecco spiegata la comparsa della Papessa.

...

P — Cosa ho qui tra le mani? Un bel libro, allora parlerò con lui. La Papessa, si sa, non ha tanti interlocutori e predilige il silenzio, o forse parla tutto il tempo, ma con se stessa. Libro, dimmi qualcosa!

Libro — Finalmente qualcuno mi parla! Le mie pagine incartapecorite tornano a vivere!

P — Questa è la riprova che la Papessa non apre mai bocca.

L — Lei non ha bisogno di parlare, si esprime attraverso il cuore e accarezzando con la mano, come fa con me da secoli. Però ogni tanto due chiacchiere farebbero bene a entrambi.

P — Perdonami, Libro, devo ancora ambientarmi nei panni della Papessa e mi viene da parlare di me, cioè, di lei, in terza persona. Non mi capita mai di sognarmi nei panni di una donna!

L — Non preoccuparti, di tanto in tanto anche la Papessa parla di sé in terza persona. Ha un rapporto peculiare con la realtà visibile e non si identifica con il corpo che riempie. Alle sue esigenze carnali antepone eterne meditazioni sull'Altissimo. Non deve essere facile per lei essere il contenitore della divinità! Io sono il suo unico legame con la materia, e se osservi da vicino le mie pagine vedrai che sono color carne. Anche gli occhi della Papessa hanno qualcosa di particolare. Il suo sguardo è rivolto all'interno. Noterai che le sue pupille sono dilatate all'estremo. Ricorderai le parole di Jung: "Chi guarda fuori sogna, chi guarda dentro si sveglia"!

P — E come fa a leggere le tue pagine?

L — Con il cuore e con il tocco della sua mano.

P — Quindi sei un libro in codice Braille!

L — Ahahahahah! Questa è stata molto divertente, è dall'857[48] che non rido così. Visto che mi hai rivolto la parola e mi hai persino fatto ridere, voglio farti un dono. So che ami cimentarti nell'interpretazione dei sogni e allora ti svelo una tecnica. Tenere un diario dei sogni è una pratica molto efficace. Io stesso sono il diario dei sogni della Papessa. Ma ancor più efficace è se dialoghi a voce alta con i personaggi del sogno. La parola ha un potere creatore e vivificante, lo hai appena constatato con me! Parlando a voce alta, di e con il sogno, sentirai le intuizioni fluire spontanee.

P — Ma questo è esattamente ciò che sto facendo scrivendo i dialoghi di questo mio Libro Grosso! Non hai idea di quanto questo confronto a voce alta con le immagini dei Tarocchi associati ai miei sogni mi faccia sentire vivo. Sento una connessione più profonda con il mio Inconscio e questo, come tu dici, mi vivifica. Un momento: hai detto che le tue pagine sono color carne, come il Libro G... rosso che sto scrivendo!

L — Ti servono altre prove per capire che la Papessa, ora, sei tu? Per molti i sogni sono oggetti separati dalla coscienza, con i quali è sciocco interagire. Ma tu ben vedi che persino un libro può mettersi a parlare con te se gli rivolgi la parola. Tutta la materia

48 Gli amanti dei Tarocchi e della storia della Chiesa potranno cogliere il perché di questa particolare data.

è segretamente animata, e lo è anche la sostanza apparentemente inerte del sogno.

P — Non puoi immaginare quanto i sogni della notte successiva sembrino proseguire, controbattere, o completare quanto ho elaborato il giorno precedente, grazie a questi dialoghi. È proprio vero che i sogni sono materia vivente.

L — Che vita onirica e vita diurna siano collegati è un fatto, e la prova suprema è la sincronicità, fenomeno che colpisce anche i detrattori dell'Inconscio.

P — Io li odio i detrattori dell'Inconscio! A suo tempo ho dedicato loro un'ode![49]

L — Niente spazio per l'odio nei panni della Papessa. Ricorderai che in questo sogno interpretavi una maestra buona.

P — Già, il sogno di stanotte! Lo rileggiamo assieme?

L — Questa volta non serve un grande sforzo di interpretazione. Basta che torni con la mente alla conclusione del sogno precedente.

P — Il banchetto nuziale, dove il Sole aveva celebrato una nuova unione tra il Bateleur e la Papessa!

L — Trovi miglior metafora di una Papessa che regala giochi didattici per descrivere l'unione tra la Papessa e la tua natura di Bateleur?

P — Una specie di Papesseur? Questa è troppo buffa!

L — Sappi che l'Inconscio ha un gran senso dell'umorismo e ama giocare con ciò che ci è noto creando bislacche rappresentazioni. L'Inconscio si diverte a prenderci in giro, soprattutto se prendiamo le cose troppo sul serio.

---

49 Ode riportata a questo link: https://onirotarologia.com/2018/07/12/inconscio-non-esiste/

P — Svelami un ultimo enigma, Libro. In che modo, nella mia vita vigile, si è manifestata questa fusione tra Bateleur e Papessa?

L — Il Libro Grosso che stai scrivendo. Ha delle finalità didattiche sui temi del sogno e dei Tarocchi ma ci stai mettendo dentro tutto il tuo umorismo da Maxeleur.

P — *Click*!

L — Credo che il tuo viaggio sia giunto al termine, per ora. Hai conseguito lo stadio dell'androgino, congiunzione tra maschile e femminile. Ti trovi finalmente nel centro: nel centro del Mondo.

PAPESSEUR — Che viaggio, ragazzi! Che gran viaggione!

Il cambio di prospettiva

Se è vero che ogni elemento del sogno è una parte di noi, possiamo immedesimarci in qualunque personaggio e oggetto onirico e rivivere il sogno nei suoi panni e dal suo punto di vista; questo gioco naturalmente si può fare anche con tutti gli oggetti presenti nei Tarocchi! È ciò che ho fatto nel dialogo, immaginandomi libro della Papessa e rivivendo il sogno dalla sua prospettiva.

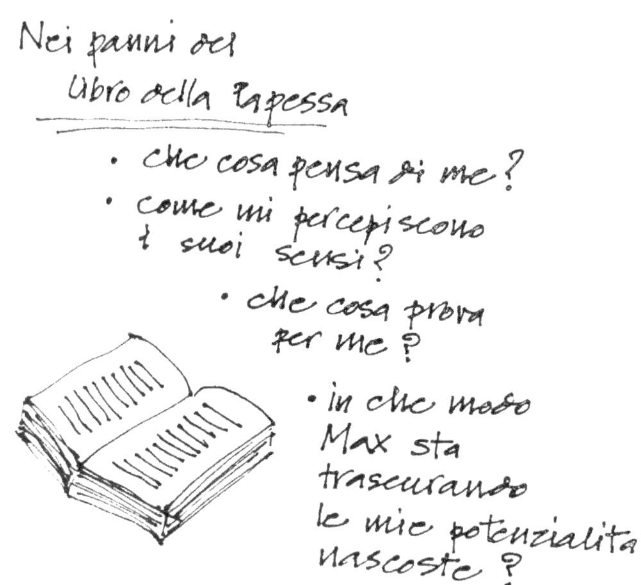

I CINQUE SOGNI SPARSI

PREMESSA AI CINQUE SOGNI SPARSI

Nei diciassette sogni in sequenza non ho mai avuto la fortuna di incontrare, se non indirettamente, altre figure gigantesche degli Arcani Maggiori, tra cui uno dei miei preferiti: il Papa. L'esperimento era però concluso, me lo aveva imposto un sogno, e allora sono tornato a scartabellare il mio diario onirico a caccia di vecchi sogni.

Ho recuperato inizialmente quattro sogni, ma ancora mi mancava la Stella. Non riuscivo a trovare un sogno "stellare" e il mio Appeso interiore già mormorava: «Rilassati, fratello. Fregatene. Chi vuoi che se ne accorga che manca la Stella? Il libro è finito, mettilo a riposare e goditi un po' di relax».

No way, ho pensato. Quando mi ci metto divento più rigido dell'Imperatore e dovevo trovare il modo per quadrare il cerchio e completare tutta l'opera, dialogando con tutti e ventidue gli Arcani Maggiori. Anche in questo caso mi sono affidato a un sogno rivelatore... ed ecco quella notte partorire uno splendido sogno dedicato alla Stella, che è il quinto e ultimo dei cinque sogni sparsi.

Qualcuno mi farà notare che ho dedicato pochissimo spazio all'Eremita (chi mi conosce sa che non amo molto questo Arcano) e ho già pronta la controreplica da Bagatto: «Eh no! Leggi bene. L'Eremita compare nel primo sogno dedicato a Jung. E poi si sa che è un tipo che chiacchiera poco, forse ancor meno della Papessa».

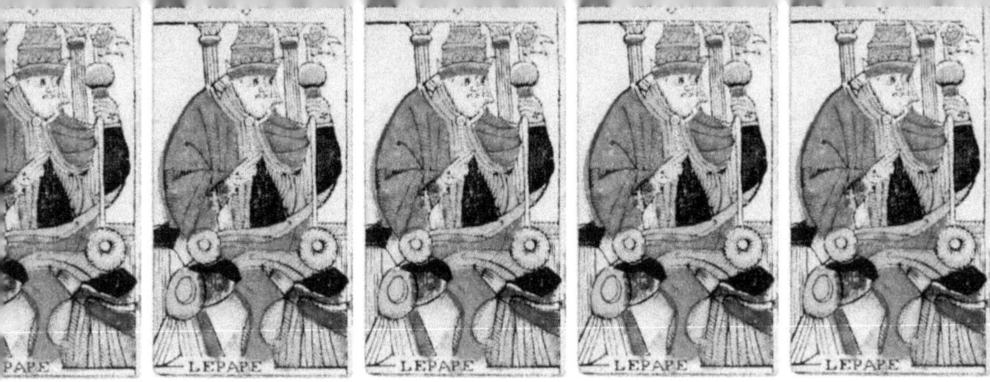

IL SOGNO DEL PROFESSORE AMANTE DELLE BALENE

Sono a lezione in un'aula universitaria, dove si sta tenendo un seminario su Jung. Il professore è anche promotore di iniziative didattiche a favore dei cetacei, che dice di amare più di se stesso.

Personaggi: Il Papa, Discepolo sinistro (Max), Discepolo destro.

Papa — ... ed è per questo che il teorema di Pitagora ha così tante belle applicazioni. Vi è tutto chiaro fin qui?

Discepolo destro — Sì, Maestro!

Discepolo sinistro — Uhmmm.

P — Perfetto, possiamo allora iniziare ad approfondire la geometria sacra. L'Uno è il primo elemento geometrico che incontriamo. Corrisponde al principio iniziale; è un punto infinitesimale dalle infinite potenzialità e contiene *in nuce* tutto il Mondo. Con il Due sorge il problema della dualità e degli opposti, che possono essere separati da una linea ma contemporaneamente da essa uniti, dipende quale lato della medaglia osservate. Il Due è nato dall'autofecondazione dell'Uno che si sentiva troppo solo.

DD — Che meravigliosa e ardita metafora, Maestro!

DS — *Pss!* Ehi! Ma di cosa diavolo sta parlando? Io mi sono iscritto a questo corso per sentir parlare di Jung, non di matematica. Io la detesto la matematica!

DD — *Sst!* Zitto! Mi fai perdere il filo della spiegazione!

P — Dalla somma dell'Uno e del Due si ha il Tre, similmente a un figlio che... Discepolo sinistro! Mi stai seguendo?

DS — Ehm... certo, Maestro.

P — Dicevo, il Tre è figlio dell'Uno e del Due e ne risolve in modo creativo le due opposte posizioni. Corrisponde al triangolo: la prima entità geometrica visibile all'occhio umano. Con il Tre si manifesta lo spazio. Lunga vita al potere visibile del Tre!

DD — Lunga vita al potere visibile del Tre!

P — A proposito del Quattro, conoscerete senz'altro l'Assioma di Maria la Profetessa,[50] per cui sorvolerei su questa parte.

DD — Certo che lo conosciamo: "l'Uno diventa Due, i Due diventano Tre, e per mezzo del Terzo il Quarto compie l'Unità". Può sorvolare su questa parte, Maestro.

DS — *Hmmmgrrr!*

P — Discepolo sinistro, ti vedo contrariato. Nel caso di dubbi sul significato del Quattro ripàssati la lezione del Maestro che mi ha preceduto. Ma ora aprite bene le orecchie e i cuori perché stiamo per parlare del Cinque.

DD — Oh, sì! Non vediamo l'or... ahia! Maestro, il discepolo sinistro mi ha dato un calcio sotto il banco!

P — Discepolo sinistro, io sono buono e magnanimo ma so anche essere diabolico. Infastidisci ancora il tuo compagno e ti conficco il mio pastorale in mezzo alla tonsura.

DS — Non so che mi è preso, Maestro, forse un tic nervoso. La prego continui, muoio proprio di voglia di capire cosa succede con il Cinque...

P — Bene. Il Cinque si differenzia dal Quattro come una piramide si differenzia da un quadrato. Dalla posizione pianeggiante del Quattro, che è completo su un piano orizzontale, emerge un vertice, un punto centrale. È un barlume di quintessenza che può essere sperimentato sul piano umano, come anticipazione della totalità del Ventuno, dove un quinto elemento emerge dalla quaternità.

DD — Wo-ooowww! Questa è succosissima, Maestro!

P — Ma fate attenzione: il vertice non necessariamente si eleva

50 Assioma citato spesso da Jung come metafora del processo alchemico. Si legga in particolare il suo saggio *Psicologia e Alchimia* (C.G. Jung, Bollati Boringhieri, 2006).

verso l'alto. La piramide del Cinque può assumere anche una forma rovesciata, con il vertice sotto terra; quello è il Regno del Quindici. Siate temperanti prima di addentrarvi nel Regno del Quindici!

DD — Siate temperanti prima di addentrarvi nel Regno del Quindici!

DS — ...

P — Ottimo. Concluderei la lezione di oggi parlando della bellezza della balena.

DD — Fantastico! Voglio apprendere tutto riguardo alla bellezza della balena!

DS — Pure le balene adesso. Ma guarda te in che razza di università sono capitato... Quasi quasi mi alzo e me ne vado!

P — Discepolo destro, dimmi cosa sai della balena.

DD — Certo! Il termine balena definisce, in senso lato, qualsiasi cetaceo di taglia gigantesca, come il capodoglio e i misticeti. Esso deriva dal latino *bālaena*, *bāllaena* o *bālēna*; dal greco antico: φάλαινα, *phálaina* o φάλη. Come sono andato, Maestro?

P — Malissimo. Tu sei un gran testone, discepolo destro. Sei molto bravo a imparare a memoria la lezione e conosci tutte le definizioni, ma talvolta l'approccio mnemonico e analitico non conduce all'essenza delle cose. Discepolo sinistro, è il tuo turno. Dimmi cosa sai della balena.

DS — Beh, ecco... Direi che è una specie di pesce molto grande che vive nelle profondità dell'acqua.

P — Continua. Parlami delle profondità dell'acqua.

DS — Bisogna essere ben attrezzati per sguazzare nelle acque profonde o si rischia di annegare o di essere ingoiati da qualche grossa balena come Pinocchio. Il mare è un ambiente pericoloso ma ricco di tanti tesori nascosti e pesci che possono diventare nutrimento. Del resto l'acqua è la fonte di ogni vita!

DD — Ahahah! Ma lo sente, Maestro? Si sta esprimendo come un bambino piccol... Ahia!»

P — Taci tu, se non vuoi un'altra bacchettata sulle nocche. Il tuo compagno stava dando, con le sue espressioni elementari, una perfetta definizione dell'Inconscio.

DD — Inconscio? Ma qui stiamo impazzendo! La prego, Maestro, possiamo tornare a parlare di matematica?

DS — Hai sentito il Maestro? Vuole continuare a parlare della balena e dell'Inconsc... Ahia! Maestro, il mio compagno mi ha schiacciato un piede!

P — Con questo direi che l'esperimento ha perfettamente funzionato.

DD E DS (ALL'UNISONO) — Esperimento?

P — Sì, un esempio pratico di come agisce l'Arcano della Luna. La lezione è finita, andate in pace.

DD E DS (ALL'UNISONO) — Maestro, pretendiamo una spiegazione!

P — Come debbo fare io, con voi due teste vuote e spelacchiate? D'accordo, vi concedo altri cinque minuti. Provate a ricostruire cosa è successo. Nella prima parte della lezione ho parlato di matematica e l'alunno a sinistra, quello più intuitivo, si è spazientito. Poi abbiamo parlato dell'Inconscio e si è spazientito l'alunno di destra, il lato della razionalità. Infine, vi siete messi a litigare tra voi come due cagnolini.

DS — Sembra proprio di vedere la Luna, l'Arcano XVIII! Anche nella raffigurazione della Luna si intravede una creatura sottomarina, come la balena!

DD — Bravo il mio compagno! Splendido ragionamento, o forse dovrei dire, splendida intuizione. Però mi sfugge la logica di tutto ciò e la lezione che dovremmo apprendere.

P — La lezione da apprendere è che non c'è nessuna lezione da apprendere all'insegna della Luna. La Luna è il regno dell'Inconscio, dell'irrazionalità, del sogno, dove la mente fa a cazzotti con se stessa. Proprio come in un sogno, si parla di matematica e un istante dopo, come se fosse perfettamente logico e consequenziale, si parla di balene. Si rischia di impazzire, rabbiosi come dei cani, sotto lo sguardo gelido e distaccato della Luna. Ogni dualismo in noi si acuisce: mente e cuore, pensiero e sentimento, maschile e femminile si separano e vivono come in due torri separate e inaccessibili. Ogni forma di vita umana sembra estinta in quel deserto glaciale. Inutile provare a comprendere; l'unico modo è provare a gattonare nel buio come bimbi piccoli alla ricerca della madre, fino a che ci viene regalata un'intuizione, o un successivo sogno rivelatore. La via d'uscita sta là sotto, dove le orecchie allenate al silenzio possono udire l'ancestrale canto della balena che vi riconduce a lei: la balena è la Grande Madre. Nelle profondità delle acque lunari ciò che sembrava inorridirci può donarci un'occasione di rinascita, se solo si ha il coraggio di sfidare il mostro marino. E la sfida si vince abbandonandosi, facendosi ingoiare. Se si riesce a trovare l'uscita da quel grembo materno sarà come nascere una seconda volta, rigenerati dal potere dell'Inconscio; se, altrimenti, si indugia protetti in quel morbido ventre, resterete sempre bambini, dissolti nell'infinito mare dell'Inconscio. Con questo voi capite che l'incontro con la Luna è pieno di pericoli; ma la Luna è anche la fonte di ogni forma di vita ed è per questo che io la amo più della mia stessa vita.

DD e DS (all'unisono) — Wowww!

P — Basta, la campanella è già suonata da tempo ed è ora di svegliarvi.

DS — La ringraziamo per questa nutriente lezione, Maestro. Non avremmo potuto desiderare di meglio del Papa in persona per questa *lectio magistralis*, colui che sa tradurre in semplici metafore gli insegnamenti più complessi.

DD — Dici bene, mio compagno di banco e nuovo amico. Suggerirei di prendere esempio dal Papa anche per interpretare i nostri sogni: la logica e la razionalità non sono il solo approccio adatto per cogliere il senso di un sogno, bisogna anche apprendere il linguaggio della metafora.

DS — Perdonami per quel calcio negli stinchi, mio ritrovato amico. Tu che maneggi le definizioni meglio di Wikipedia potrai insegnarmi anche che il Papa porta con sé la metafora del Pontefice, ovvero del ponte che collega l'invisibile e il visibile. Da questa lezione mi porto a casa anche questo insegnamento: bisogna sempre cercare il "ponte" tra la metafora espressa dal sogno e la situazione contingente e reale che stiamo vivendo nel momento in cui abbiamo il sogno.

DD — ... altrimenti si rischia di compiacersi di un'interpretazione intellettualmente stimolante, ma che ha scarsa attinenza con la vita concreta. Credo che anche questo sia un aspetto lunare: la distanza tra ciò che elabora la nostra mente e la concretezza dei fatti.

DS — ... e la concretezza dei fatti è la materia insegnata dal Maestro Sole; anzi, è già l'alba e lui sta per sorgere, abbracciamoci per contemplarlo, dopo questa paurosa nottata lunare.

IL SOGNO DELLE PIANTICELLE SULLO SCAFFALE

Su uno scaffale sono riposti dei vasetti di fiori. Sono impilati uno sopra l'altro e so che giacciono lì da tempo.

Scompongo questa pila, poiché il fondo di ogni vaso copre e schiaccia il vaso sottostante. Solo l'ultimo vaso è scoperchiato, rendendo visibile il suo contenuto: una bellissima pianticella. Man mano che scompongo la pila scopro che anche i vasi sottostanti contengono pianticelle, ormai avvizzite e sofferenti.

Protagonisti: Maison Dieu, Temperanza

Temperanza — Qui tutti quanti combinano dei grandissimi casini e poi tocca a me consolarli.

Maison Dieu — Prego?!

T — Ehm... scusami, magnificente Torre, parlavo con me stessa! Stavo dicendo che è proprio ingegnosa questa tua costruzione.

MD — Ti piace? È da tanti anni che ci lavoro su, voglio arrivare al centesimo piano!

T — Che opera imponente! Poi mi piace molto quel giardino pensile lassù all'ultimo piano; se fossi in te presenterei candidatura come ottava meraviglia del mondo!

MD — Vuoi dire quella pianticella all'ultimo piano? In realtà è un'erbaccia cresciuta spontaneamente, anzi, quasi quasi la faccio estirpare per costruirci sopra un altro piano.

T — Sì, adesso che me lo fai notare quella pianta è proprio bruttina e fai bene a rimuoverla.

MD — Ma se fino a un secondo fa dicevi che era una meraviglia!

T — Hai ragione, scusami.

MD — Non ti devi scusare, solo che mi sembri un tantino melliflua, non è che devi sempre assecondare ogni cosa che dico.

T — Sì, scusa, è un mio difetto. Quando mi interfaccio con gli esseri umani ho sempre paura di offenderli. Non sopporto la vostra sofferenza e con questi miei vasi colmi di balsami cerco di detergere tutte le vostre lacrime.

MD — Essere umano a chi? Io sono un'opera umana, questo è vero, ma a breve la mia cima raggiungerà lo spazio; intravedo già la Stella Venere a pochi metri da me!

T — Certo, scorgo anch'io la sua fioca luce. Se continui a innalzarti sfiorerai la pallida Luna, ma poi...

MD — Che c'è? Parlami, creatura alata!

T — No, non voglio vederti soffrire...

MD — Continua! Non far sì che la mia ira si abbatta su di te come un lampo!

T — Come vuoi. Poi... accadrà qualcosa di bruttino.

MD — Vi sarà un sopralluogo da parte di un incaricato del Comune che riscontrerà gravi non conformità in materia urbanistica e riguardo alle normative antinfortunistica?

T — Esatto. Quello e anche un tuono che distruggerà la tua costruzione e la farà crollare al suolo.

MD — *Mon Dieu!* Ma perché?

T — Sul perché ciò avverrà non ti posso rispondere, non è il mio ruolo sindacare sulle decisioni delle alte sfere. Però posso svelarti una parte del segreto della Croce.

MD — Non posso ascoltare i tuoi sermoni adesso. Tra poco gli operai finiranno il turno e dobbiamo ancora assemblare la nuova gru da sedicimila tonnellate.

T — Ihihih! Non è un sermone, è un principio molto semplice e naturale. Tu, Imperatore elevato alla quarta potenza della progettazione,[51] saprai bene come si disegna una croce, ma non quella del supplizio del Cristo; quella basilare, quella che disegnano i bambini, dove i due bracci sono uguali e si intersecano esattamente nel centro. Io stessa sono una croce che unisce l'alto con il basso e la destra con la sinistra.

MD — In che modo?

51 In realtà il numero 16 associato alla Maison Dieu equivale a 4 x 4, non a 4^4. Correggendo la versione finale del testo ho deciso di lasciare questo errore a dimostrazione del fatto che, come già detto in precedenza, in matematica faccio pena, pietà e misericordia.

T — Guardami. Sono alata ma ho i piedi per terra, e così unisco l'alto con il basso. Ho poi due anfore che uniscono la destra e la sinistra. Ne scaturisce la perfetta centratura, il centro della Croce.

MD — Posso intuire il significato di alto e basso, ma che cos'è la destra e che cos'è la sinistra?

T — Ihihih! Mi sembri Gaber! Ora non è importante, concentrati solo sui due bracci e sul concetto di centro. Se intendi costruire un braccio verticale lungo devi avere un braccio orizzontale altrettanto lungo, altrimenti la costruzione non è solida e centrata; è un'opera sbilanciata.

MD — Fammi un esempio più terra terra.

T — Se il tuo edificio è molto alto, quindi se ti elevi sul piano verticale, devi assicurarti di avere una base solida, e quello è l'asse orizzontale. Per poter crescere verso l'alto assicurati prima di avere una buona base.

MD — Non mi vuoi dire a cosa corrispondono la destra e la sinistra, mi puoi almeno svelare cosa intendi per piano orizzontale?

T — È il piano della terra, della relazione con la materia, con la natura e con gli altri esseri viventi. È su questo piano che possono crescere le radici. Le radici sono il radicamento alla terra.

MD — E cosa succede se si cresce tanto in altezza senza una buona base?

T — La Torre crolla e tutto il suo contenuto è costretto a riprendere contatto con la terra, come in quei sogni dove si precipita o si hanno le vertigini; come quei personaggi ai tuoi piedi che accarezzano le piante.

MD — Allora io sono in regola con questa normativa della Croce di cui parli: non ti ho detto che, oltre alla pianticella lassù, anche al mio interno sono contenute tante piante, tenute sempre protette e fresche in singoli compartimenti stagni. Quindi abbondo di radici al mio interno!

T — Piante tenute sempre protette e fresche...

MD — ... in compartimenti stagni, stagnissimi. Ma che fai ora, piangi?

T — Sì. Io piango tutte le volte che la natura viene violata, violentata, imprigionata. E bada bene che non parlo solo di Madre Natura, ma della natura intima di ognuno di voi umani!

MD — Ti prego, smetti di piangere o così farai commuovere pure me.

T — Sei gentile, ma non devi preoccuparti. Io sono una specie di giardiniera e le lacrime che riverso in questo vaso diventano un ottimo fertilizzante.

MD — *Sst!* Hai sentito anche tu questo rumore? Oh no! Guarda lassù! Un'orrenda manona si sta scagliando sulla corona della mia torre! La tua profezia si è avverata...

T — Era inevitabile, te l'ho detto. Vieni qui, abbracciami e lascia andare le lacrime, le raccoglierò in quest'altro vaso.

MD — Non è giusto! Tutte queste ore di lavoro sprecate, mi toccherà ricominciare l'opera da capo!

T — No, guarda cosa sta accadendo. Quella è la mano di Max!

MD — Mi sta smontando tutta! Muoio!

T — Non ti sta smontando per distruggerti, ma per vedere come sei fatta dentro. Sai, i bambini smontano spesso i loro giochi e Max è in fondo un piccolo Bagatto. Non temere, ora sarà la mia mano a guidarlo.

MD — Guarda! Quelle pianticelle, ora che i loro vasi a compartimento stagno sono stati divelti, stanno crescendo a dismisura!

T — Lo vedo bene. *Spruz! Spruz!* Il mio fertilizzante magico le sta ravvivando. Ora sono vasi comunicanti e le piante si stanno fertilizzando tra loro. Osserva bene! Ogni singola pianta sta crescendo e sono tutte più alte della tua vecchia torre. Avevi una torre instabile e ora ti trovi con tante torri, più solide e ben radicate, tutte disposte in cerchio attorno alla pianta che avevi sulla corona. Quella centrale come vedi è diventata la torre più alta di tutte. Hai visto anche come la mano di Max ha svuotato alcuni vasi, sradicandone il contenuto, mentre altre piante sono state innaffiate, potate e rese più belle e più forti.

MD — Mi hai fatto assistere a una visione straordinaria. Sembra il lieto fine di una fiaba, ma temo di non averne colto la morale.

T — La mano di Max, da me guidata, non ti ha uccisa, ti ha anzi salvata. Ti stavi sgretolando. Alcune radici marce stavano corrompendo i tuoi mattoni; altre, le più persistenti, stavano per lacerare le tue pareti dal di dentro, alla ricerca disperata di acqua e sole.

MD — O, tu che mi appari come una regina della vegetazione, parlami di queste piante. Quale metafora celano?

T — Le piante rappresentano tutto ciò che facciamo crescere in noi, tutto ciò che decidiamo di innaffiare con la nostra attenzione. Passioni, amori, hobby, interessi, sono tutte piante che durante la vita accumuliamo e che vanno a formare il nostro giardino interiore o, se ti piace di più, il nostro spazio sacro, quello che Jung chiamava *temenos*, o *hortus conclusus*.[52] Ma questo nostro giardino richiede cura e manutenzione. Attenzione, però. Non tutte le piante che vi innestiamo sono adatte al nostro giardino; alcune specie possono essere addirittura dannose e distruttive, sottraendo acqua e nutrimento alle altre piante. Quelle erano le piante che la mano di Max sradicava. Altre piante, invece, portano ricchezza e

52 Giardino recintato.

varietà al nostro orto. Sono queste le piante che dovremmo ricordarci di innaffiare e curare con costanza. Vi è poi una terza pianta, unica nel suo genere, che cresce rigogliosa e in modo spontaneo, anche senza innaffiarla. Nel malaugurato caso fosse blindata in un compartimento stagno, troverebbe il modo di frantumarlo dal di dentro. È l'albero del Sé, che rispecchia il seme della nostra più intima natura, quella piccola ghianda che l'Arcano I tiene in mano e che fiorirà alla fine del doppio ciclo, con il XXI. Può apparire come una pianta selvatica e poco attraente, ma sradicarla porta a morte certa. Era la pianta collocata sulla tua corona e, come ricorderai, aveva trovato il modo di rendersi visibile, fuoriuscendo dalla Torre e arrivando a fondersi con la luce del Sole.

MD — E io che volevo sradicarla!

T — Te l'ho detto, ti abbiamo salvato la vita.

MD — Quello che tu chiami l'albero del Sé era la pianta che Max ha collocato al centro del giardino?

T — Sì. Tutte le altre piante, quelle sane e utili, servono proprio a garantire all'albero del Sé la massima crescita, in modo che i suoi frutti possano sfamare sé stessi e gli altri. Se osservi l'orto dall'alto, vedrai un lussureggiante *mandala*, con l'albero del Sé al centro e le altre piante disposte in cerchio, in modo ordinato. La nostra vera Torre, eterna e incrollabile, è proprio l'albero del Sé, l'*axis mundi*.[53]

MD — Mi ricorda la conformazione dell'Arcano del Mondo!

T — Proprio così! Noterai che il mio numero contiene sia il cerchio che il quadrato, gli elementi costitutivi del *mandala* del

53 Asse del Mondo.

Mondo.[54] Io sono la giardiniera del Mondo. È un lavoro che va svolto con immensa calma, facendo crescere ogni pianta secondo il proprio ritmo e natura. Ci vuole studio e dedizione, per comprendere ad esempio quali piante meglio si armonizzano con il microclima del nostro orto. È anche questo il senso della Temperanza.

MD — Quanti disastri avevo combinato con la Torre che stavo costruendo, con tutte quelle piantine soffocate! Ma puoi spiegarmi nella pratica come è potuto accadere?

T — Era una torre basata sull'accatastarsi di tanti interessi e passioni buttate l'una sull'altra. Troppe pianticelle innaffiate frettolosamente, in modo caotico, e poi dimenticate. È tipico di chi ha tante passioni, di chi si butta a capofitto nell'apprendere una certa arte e poi la getta nel dimenticatoio quando perde interesse. Ma è anche il frutto di una mentalità utilitarista, che sfrutta la natura solo per raggiungere la cima, per essere sempre "al top".

MD — Non deve essere facile però districarsi tra tutte queste piante. Come possiamo comprendere qual è il nostro personale albero del Sé?

T — La risposta non è affatto semplice, spesso ci vuole un'intera vita per comprenderlo, ma voglio darti un suggerimento. Puoi arrivare a capire in modo indiretto qual è l'albero del tuo Sé osservando tutte le piante che hai accumulato nel tempo. Prova a elencare tutte le tue passioni, hobby, interessi, sport, arti che hai coltivato sin da piccolo. Ti sembrerà inizialmente una giungla inestricabile di elementi. Cerca allora di organizzarli, di catalogarli,

54 Nel XIIII della Temperanza appare infatti la X, una croce, o il cerchio del Dieci, e il IIII, corrispondente alle quattro creature disposte attorno al Mondo. Per approfondimenti sull'interpretazione junghiana del Mondo, si legga l'articolo qui riportato: https://onirotarologia.com/2014/01/21/test-tipi-psicologici-e-i-tarocchi/ .

ricercando cosa li accomuna tutti, come un bravo botanico. Chiediti anche che cosa ti ha sempre attratto di ogni tipologia di interesse, che cosa in particolare ti fa sentire vivo, cioè ben radicato e a contatto con la *tua* natura. Noterai anche che alcune passioni, con il senno di poi, ti erano totalmente estranee o ti hanno addirittura danneggiato o fatto perdere tempo: le famose erbacce da estirpare. Se hai analizzato per bene questo giardino, la natura della pianta centrale ti apparirà più chiara. Scoprirai che le varie piante alimentano una matrice comune, e al tempo stesso vengono da questa alimentate, in un perfetto ecosistema.

MD — Di tutti i tuoi insegnamenti botanici questo è il più delizioso, o sorridente Temperanza!

T — Starei con te ancora a lungo, la fretta non mi si addice, ma sento che da qualche altra parte un sognatore ha bisogno di me. Tu e Max cercate di non combinare più casini!

MD — Alla faccia! Non mi aspettavo da te tali espressioni... intemperanti!

T — Sono qui in mezzo all'Arcano Senza Nome e al Diable, permetterai che ogni tanto anche io possa perdere la pazienza!

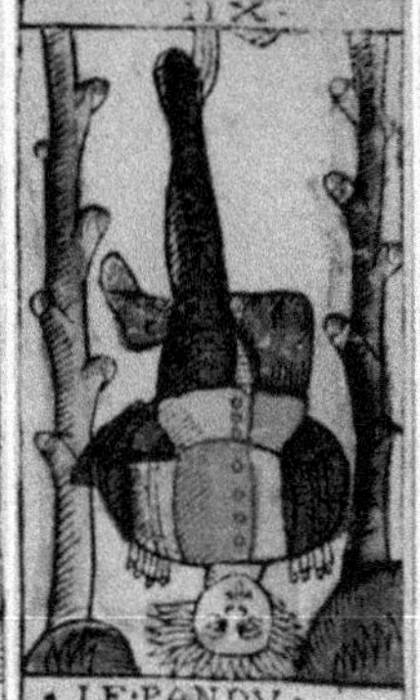

IL SOGNO DELLA BICICLETTA NEI ROVI

Devo fare un lungo viaggio in bicicletta, ma mi accorgo che è incastrata in un cespuglio pieno di rovi e alcune spine sono penetrate nelle gomme.

Con molta attenzione estraggo la bici dal cespuglio; fortunatamente le gomme sono ancora integre.

Protagonisti: Ruota, Appeso (Max), Forza

Ruota — Ohi ohi ohi!

Appeso — *Zzz... Zzz... Ronf...*

R — Svegliati!

A — Cos'è successo? Credo di essermi appisolato un attimino...

R — Già, il proverbiale attimino dell'Appeso! È da dodici ore che dormi e nel frattempo ci siamo schiantati in questo cespuglio di rovi!

A — Va a finire che anche questa volta è colpa mia! A parte il fatto che non ho capito che c'entro io nei panni dell'Appeso in questo sogno.

R — Prova a muovere la gamba di un millimetro.

A — Ahia! Questi rovi sono così acuminati, mi sembra di essere intrappolato in un letto di chiodi!

R — Hai voglia tu a fare il guru.

A — Ma tu chi sei, o molesto ingranaggio? Ah, ti riconosco: sei la Sfinge della Ruota! Però ricordo che nei Tarocchi di Marsiglia dovresti essere appollaiata a cavalcioni della Ruota. Che ci fai là sotto?

R — Riepiloghiamo: ti sei addormentato, ti sembra di essere su un letto di chiodi come un guru, ti senti intrappolato e ora confondi l'alto con il basso, essendo tu a testa in giù. Ti servono altre prove della tua appesitudine?

A — Ti sbagli, o saccente Ruota, non mi sono addormentato. Mi sono appena ricordato di essermi sdraiato volontariamente su questo comodissimo letto di chiodi, per mortificare la mia carne e illuminarmi un po'.

R — Come dite voi fricchettoni che bramate l'illuminazione? Vi chiamate "i risvegliati". Peccato che ti sei addormentato mentre eri alla guida della sottoscritta: la bicicletta che, senza pedalata assistita, muove l'intero mondo.

A — Queste sono *fake news*, miscredente di una Ruota! Evidentemente guardi troppa televisione e ascolti troppi telegiornali e ciò ti rende addormentata e schiava del *deep state*, il cui obiettivo è tenerci aggiogati come delle pecore a questa *eggregora*, alla *Matrix*. Anzi, sei proprio tu il meccanismo dei media mainstream al servizio dei poteri forti, subdola lavatrice che anestetizza i cervelli e li addestra a girare in tondo come criceti da laboratorio!

R — Uh-huh.

A — Io non intendevo proprio cavalcarti! Al contrario, volevo uscire dalla tua Ruota!

R — Vedo che l'eroica acrobazia ti è riuscita, peccato che ora sei tutt'uno con quella siepe e insetti di ogni genere stanno adibendo i tuoi orifizi a ubertosi ripari.

A — Ma a te che importa? Sto vivendo un'esperienza mistica, e più il dolore è pungente e il supplizio insostenibile, più il mio corpo di gloria si separa dal corpo di dolore.

R — Peccato, avrei fatto volentieri un altro giro di birre con te.

A — *Puah!* Che schifo la birra! È una bevanda creata dal Diable per obnubilare la mente e tenerci incatenati al suo piedistallo.

R — Ma se hai svuotato più cantine tu che non l'alternarsi di grandine e siccità![55]

A — Quello è il passato con cui ho troncato, forte della risoluta falce dell'Arcano Senza Nome che viene dopo di me.

R — I tuoi amici ti hanno tutti abbandonato o ti deridono, te ne sei accorto?

---

55 Ringrazio il mio caro amico Riccardo Castelli per avermi suggerito questa epica battuta.

A — Me ne compiaccio. È la prova che mi sono elevato al di sopra di costoro che hanno un livello di coscienza inferiore al mio e che ostacolavano il mio progresso.

R — Spiegami almeno perché ti sei voluto allontanare da me.

A — Perché detesto il dolore e la sofferenza e, illuminandomi, so che vivrò in un'eterna beatitudine, mentre in te gioie e dolori si alternano come in un'orrenda roulette.

R — Non credo che l'illuminazione funzioni esattamente così. Ma questo forse te lo potrà spiegare il Mondo, che è alla fine del nostro lungo viaggio. Ma tu hai voluto bruciare le tappe.

A — Silenzio ora, devo meditare! Ohmmm...

R — Ci rinuncio.

FORZA — Che succede qui?

(Applausi registrati tipo sit-com quando
appare il personaggio clou della serie)

R — Da questa parte, Forza! Io sono intrappolata qui, ma la mia Ruota mi sembra integra. La maschera di sangue con la lingua di fuori e i bulbi oculari divenuti cibo per cornacchie qui accanto a me è invece l'Appeso. Ha uno dei suoi consueti deliri mistici. Ha bevuto troppo come al solito e ha perso conoscenza alla guida.

A — Ohmmm... *Zzz... Zzz...*

F — Non mi dire, voleva anche lui saltar giù dalla Ruota in corsa come tutti gli Appesi incoscienti?

R — Confermo.

F — Guarda, io lo lascerei lì così a dissanguarsi. È già il terzo Appeso che salvo da stamattina.

R — Faresti bene! Ma mi appello alla tua solare potenza per

estrarlo vivo da quei rovi. Il tuo tocco, forte e delicato al tempo stesso, è ideale per estrarre le persone dalle macerie senza neanche un graffio.

F — Farò come tu dici. Lo sai che ho un debole per te e ci troviamo vicine di casa nella perfetta sequenza che conduce al Mondo.[56] Gli Appesi come lui fanno sempre questo errore: dimenticano di integrare lo stadio della Forza, poiché io sola so giostrare la tua imprevedibilità, amica Ruota. Tu non sei un meccanismo inceppato come molti sostengono, tu sei la fluidità e la dinamicità della vita, lo scorrere del tempo, che ora porta trionfi e ora sconfitte e lacrime. Il mio dolce tocco non tenta mai di fermare il tuo corso o di mutarne la traiettoria; solo il Mondo, laggiù in fondo, può cambiare il tempo e le leggi del Cosmo. Tu ti collochi a metà del percorso e vieni per risollevare gli umili e per abbattere i potenti, secondo una logica che sfugge agli umani. Ma gli uomini nel mezzo del loro cammino – per meglio dire, di mezza età – tentano spesso di evadere la fase discendente della loro vita aggrappandosi a infantilismi spirituali. Io cerco invece di restare a te aggrappata e di attutire gli effetti dei tuoi sbalzi imprevedibili grazie alla mia corporeità.

R — Quanto amo essere da te accarezzata, tu che cogli da vicino il senso della mia enigmatica giostra! È un povero illuso chi crede di annullare gli effetti imprevisti della Ruota rinunciando al corpo e alla materia e vivendo di solo spirito. La corporeità di cui parli è la capacità di coltivare e perfezionare il corpo senza umiliarlo o mortificarlo, con i piedi nudi ben sprofondati nella fangosa materia. Ed è anche la corporeità delle emozioni, talvolta negative, che tu hai il coraggio di accarezzare senza sradicarle dal corpo.

---

56 Nei Tarocchi di Marsiglia, l'Arcano della Forza viene subito dopo la Ruota.

F — Mi stai facendo arrossire! Sai che non amo molto le chiacchiere e i miei modi sono spicci ma efficaci. Ecco il tuo amico Appeso, estratto dal rovo tutto bello ripulito e con i bulbi oculari ripristinati.

A — *Ohmmmzzz...* Ma avete finito con queste chiacchiere? Mi avete svegliato! Oh, Forza, ci sei anche tu? Ora siamo proprio un bel trio ordinato: X, XI e XII!

F — A dire il vero, prima del mio intervento finale, il sogno era tradotto nella sequenza X, XII e XI, poiché da Appeso impaziente mi avevi scavalcato per interagire direttamente con la Ruota. Ti do questo consiglio affinché tu possa evitare in futuro questi incidenti: dopo aver riflettuto sul sogno, cerca di sistemare gli Arcani nel loro giusto ordine. In questo modo potrai trarre insegnamenti sul giusto sentiero verso il Mondo e in che modo il percorso seguito nel tuo sogno era disordinato.

A — Sarà fatto. Che ne dite, ci facciamo un altro giro di birre?

IL SOGNO DEL NEONATO MIRACOLOSO

Sul letto c'è un neonato. Inizia a parlare, in modo fluente, proprio come un adulto. Superato lo stupore iniziale, cerco di scaldarlo coprendolo con il mio giacchetto. Il bimbo, con la sua voce miracolosa, mi ringrazia.

Personaggi: Angelo del Giudizio, Fanciullo del Giudizio, Donna e Uomo (Max) accanto al Fanciullo del Giudizio

Uomo — Puccipuccipucci! Ma che bel bimbo abbiamo messo al Mondo, Anima mia!

Donna — Lascialo in pace, ora è il mio turno di spupazzarlo!

U — Siamo proprio una bella famiglia! Puuuccipuccipuccipu...

Fanciullo — COSÌ È SOPRA E COSÌ È SOTTO PER FARE IL MIRACOLO DELLA COSA UNICA.

D — Chi ha parlato?

U — Io no! Non cito mai Ermete Trismegisto prima di fare colazione!

F — IN PRINCIPIO ERA IL VERBO.

U — Piccolo! Piccolo mio! Tu sai parlare!

F — *PAPE SATÀN ALEPPE!*

U — Conosce persino i Tarocchi e il cinque che lega il Papa al Diavolo!

F — *TAT TVAM ASI.*

U — Questo era sanscrito! Ti rendi conto? Parla tutte le lingue del mondo! Inizio a preoccuparmi. Non sarà mica l'Anticristo? Diamo una controllata al suo cranio e speriamo di non trovare il marchio 666. No, niente. Aspetta, ho trovato qualcosa qui tra i capelli: è un angioma a forma di doppia X!

D — Il Giudizio!

U — Ora si spiega il suo parlare così giudizioso! Tesoro, siamo ricchi! Questo è un bambino miracoloso! Potremmo iscriverlo al Festival dello Zecchino d'Oro, poi tra qualche anno gli facciamo prendere una laurea in Giurisprudenza; sai quante cause milionarie vinte con questa parlantina! Anzi, ancora meglio: lo istradiamo alla carriera politica; con un'arte oratoria del genere ci diventa come minimo presidente del Mondo!

F — Ho fame.

D — Dovrei avere del prosciutto avanzato da ieri in frigorifero.

U — No, ferma. Sta citando un passo del Vangelo: "Date da mangiare agli affamati".

F — Ho sete.

D — Vado subito a scaldargli del latte.

U — Ma no, non capisci che si esprime solo per enigmi e citazioni sacre? Sta continuando a elencare le opere di misericordia tratte dal Vangelo di Matteo: "Date da bere agli assetati".

F — Ho freddo.

U — Cosa ti dicevo? Era il turno del "Vestire gli ignudi".

D — Sta tremando ed è diventato tutto blu dal freddo. Tu fai come vuoi. Io vado a chiamare qualcuno.

U — Aspetta, hai sentito questo squillo di tromba? Forse è la suoneria del tuo telefono? Oppure hanno suonato al citofono?

Angelo — DA QUESTA PARTE, UOMO, SON QUASSÙ!

U — Visione apocalittica! Il tetto si è aperto e vedo nembi e lingue di fuoco!

D — Voi continuate pure a chiacchierare, io intanto confeziono un indumento adatto per scaldare il nostro bimbo adorato.

U — Come fai a essere così tranquilla? Hai visto chi è comparso? L'Angelo del Giudizio!

D — Lo so, è Lui quel qualcuno che sono andata a chiamare. Io sono la tua Anima e ho un legame intimo con l'invisibile e il non conosciuto. È grazie a me che puoi guardare l'Angelo e udire la sua voce. Sono io che rendo visibile e tangibile la materia sottile e ho dato all'Angelo un'immagine a te familiare; so che vai matto per l'iconografia tradizionale.

U — Altroché se vado Matto! Di fronte a una visione così rischio di impazzire!

A — Apri bene le orecchie, uomo, sto per farti una rivelazione che alle tue orecchie suonerà come musica. Tu conosci i Tarocchi e sai che il Matto di cui parli è a me legato per via dello zero presente anche nel mio Arcano. Io sono la chiusura del doppio ciclo, quello basso e quello alto.[57] Anche il Matto, proprio come te, è l'unico personaggio umano nei Tarocchi che osa guardare verso l'alto. Non tutti gli uomini possono reggere a lungo tali visioni, soprattutto se non sono a contatto con la propria Anima. Ti consiglio, infatti, di non scrutare troppo a lungo quassù, altrimenti impazzirai davvero e diventerai un Matto rovesciato. Ricordati di tenere lo sguardo puntato anche verso il basso, pronto a cogliere le esigenze reali di questo bimbo miracoloso di colore azzurro. È fonte di saggezza e di miracoli, ma sempre un bimbo è. Noterai che è dello stesso colore del cagnolino del Matto. Così come il cane, anche il fanciullo necessita di essere accudito, abbeverato, nutrito, riscaldato, e persino di giocare assieme a te. Ma se tu distogli lo sguardo e l'orecchio dal fanciullo per inseguire fantasticherie irreali diventerai un Matto deriso da tutti e il cane diventerà un lupo selvatico che ti morderà, invece di sospingerti e guidarti nel tuo pellegrinaggio. Questo è il significato del Matto rovesciato di cui ti parlavo.

U — Le mie orecchie stanno andando a fuoco dopo aver udito questa musica traboccante di misteri. Puoi dirmi altro sulla natura di questo fanciullo? Te ne prego!

---

57 Il primo ciclo, la decade dal Bateleur alla Ruota, descrive un percorso umano calato nella quotidianità e può corrispondere psicologicamente alla prima fase nella vita di un uomo. La seconda decade, dalla Forza al Giudizio, rappresenterebbe in una prospettiva junghiana la metafora della seconda fase della vita, dove l'uomo cerca di completare la propria totalità, alla ricerca del Sé, simboleggiato dal Mondo.

A — Il fanciullo viene per annunciare il Mondo, che tu hai imparato a conoscere come il Sé. Una volta cresciuto, diventerà la creatura androgina che vedi al centro dell'Arcano XXI: colà dove la scintilla divina di ognuno si fonde con la Divinità, ripristinando l'unità primordiale.

U — Per questo il bambino ha anche esclamato *Tat tvam asi*: Tu sei Quello!

A — Sapevo che non ti sarebbe sfuggita quella citazione delle *Upaniṣad*.[58] Fai però attenzione: il contatto con il proprio Sé non è una fonte miracolosa da cui ottenere fortuna e gloria.[59] L'uovo cosmico del Mondo non è messo lì affinché il singolo ne faccia una frittata per il suo personale godimento. Il Sé deve essere messo al servizio di tutto il Mondo. Ti avverto anche che il Sé può essere un supplizio, come un bambino tirannico che richiede costanti attenzioni e pretende sempre nuovi giochi. Conseguire il Sé non è una passeggiata. Le emanazioni del Sé possono annichilire città e scoperchiare torri, come ben vedi nella Maison Dieu. Io stesso vengo per annunciare miracoli ma anche per squillare la tromba del Giudizio Universale!

U — Quando mi parlavi dei giochi dei bambini ho visualizzato l'Arcano del Bateleur.

A — Non deve stupirti: anche il Bateleur è un fanciullo che gioca e in mano tiene il seme del Mondo. Il Bagatto, per via del suo numero, è collegato all'Arcano XXI: anch'egli è il primo Arcano che inaugura un nuovo ciclo. Noterai che lui stesso impugna una bacchetta come il Rebis[60] del Mondo. Ma l'androgino integra

58 Testi sacri alla base della spiritualità vedica.

59 Citazione tratta dal film *Indiana Jones e il tempio maledetto*, un altro mio mito giovanile.

60 La "cosa doppia", termine alchemico per indicare la Pietra Filosofale, fusione degli opposti maschile-femminile.

anche la coppa dell'energia femminile, e il gioco del Bagatto, che in quello stadio può assumere le sembianze di un esperimento magico infantile, diviene un gioco sublime e totalizzante solo grazie alla fusione con l'Anima.

U — Farò tesoro di queste tue parole tuonanti.

A — Prima di andare ti voglio regalare una tecnica onirica, poiché anche attraverso i sogni è possibile intravedere il proprio Sé. Ogni volta che sogni un bambino, presta attenzione al suo aspetto e alle sue richieste, se è assetato, denutrito, o se vuole semplicemente giocare: sei alle prese con il tuo fanciullo miracoloso interiore. Ora torna a concentrarti sulla tua quotidianità.

D — Com'è andata, caro?

U — Non saprei dire se bene o male, sono ancora frastornato. E tu, hai confezionato la veste adatta per il nostro piccolo?

D — Certo, gli ho fatto una bella tunica, senza cuciture, tessuta tutta d'un pezzo da cima a fondo.

U — Speriamo non venga squarciata in quattro parti dai nemici![61]

D — Tranquillo. Finché sono io qui con te la sacra quaternità[62] sarà sempre ben salda attorno alla creatura del Mondo.

61 Dal Vangelo secondo Giovanni, 19, 23-24: «I soldati poi, quando ebbero crocifisso Gesù, presero le sue vesti e ne fecero quattro parti, una per ciascun soldato, e la tunica. Ora quella tunica era senza cuciture, tessuta tutta d'un pezzo da cima a fondo».

62 Nell'Arcano del Giudizio possiamo veder raffigurata la "sacra quaternità", concetto di ispirazione junghiana che supera la Trinità tradizionale (Padre, Figlio e Spirito Santo) integrando il femminile.

IL SOGNO DEI VASETTI DI BOTTARGA

In un bellissimo paesino di montagna, una donna si offre di cucinare per tutti. Ha lo stesso viso di Talia Shire.

La avvicina il mio amico F. e le porge due vasetti di bottarga.

Personaggi: Stella, Imperatore

Stella — Soffro. Nessuno mi vuole bene.

Imperatore — Signora, le serve un aiuto?

S — Questo è un miracolo! Dacché esisto nessuno si è mai rivolto a me con l'intenzione di aiutarmi! Tutti a chiedermi "Stella, consolami!", "Stella, aiutami a trovare il mio posto nel Mondo!", "Stella, puoi dare da mangiare ai miei gatti e innaffiare i fiori mentre sono fuori città?" e io sempre qui a mandare avanti il pianeta da sola. Scusami, non volevo inondarti con i miei problemi. Piacere, non ti do la mano perché è bagnata e piena di terra e di fertilizzanti. Non chiamarmi signora e dammi pure del tu. Mi chiamo Stella.

I — Lo avevo intuito. Io sono F., qualcuno mi ha chiamato per interpretare il ruolo dell'Imperatore in questo sogno di Max.

S — Max deve avere una grande opinione di te. L'Imperatore è la figura che lui non riesce proprio a digerire. Devi essere una persona molto pratica, concreta, con un buon stipendio e persino bravo in cucina e nelle faccende domestiche! Per questo ti ha sognato: metti in scena quelle parti che in lui sono inconsce.

I — Vale a dire? Scusami, ma non sono bravo in questioni psicologiche.

S — Che in te proietta quelle energie da Imperatore che lui non riesce a manifestare nella vita reale. Lo vedi? In questo sogno Max non è neppure tra i protagonisti, è come uno spettatore che osserva questa scena seduto in platea senza alcun ruolo attivo. L'Imperatore gli risulta così ostico che delega integralmente a te le responsabilità materiali.

I — Quanta verità! Max è un tizio simpatico, ma quando si tratta di mangiare è il primo a sedersi a tavola e il suo contributo alla serata consiste in un paio di battute; per carità, anche molto esilaranti, ma non aspettarti da lui una mano per la spesa o un aiuto in cucina.

S — Il solito Bateleur pigro come un Appeso.

I — Ricordo una cena a casa mia dove ho preparato degli squisiti spaghetti con la bottarga e lui non ha nemmeno fatto lo sforzo di portare una bottiglia di vino. Ma dimmi di te. Mi ricordi molto Talia Shire.

S — È tra i motivi che hanno spinto Max a scegliere me per questa scena. Mi chiamano anche *L'Étoile* o *Le Toille* e come puoi sentire assomiglia molto a Talia. Nei sogni queste assonanze sono frequenti, nell'antichità la chiamavano la lingua degli uccelli, come quello che vedi appollaiato sul mio alberello. Ma oltre al nome ci sono dei motivi più sostanziosi. Max associa a Talia Shire ruoli drammatici, come la moglie di Rocky o la sorella di Michael Corleone nel film *Il Padrino*. Interpreta una donna in apparenza fragile, piagnucolosa, che sacrifica se stessa e la propria vita per favorire la carriera del marito o per agevolare i criminosi affari della Famiglia Corleone. Una figura a tratti manipolatrice, di chi come me lavora con il favore della notte e che Max vede come miei aspetti Ombra. Ma naturalmente in me apprezza anche tanti aspetti luminosi.

I — Sembri sapere tutto su Max e sui suoi sogni!

S — Devi sapere che io ho una connessione speciale con il sogno e porto ristoro, rigenerazione e nutrimento a tutti i sognatori. Il mio compito è ripulire ogni notte questo fiume dalle scorie prodotte da voi uomini durante la giornata. Vicino a noi c'è una gigantesca Torre che erutta e produce macerie e rifiuti tossici in continuazione, peggio di un termovalorizzatore!

I — Io mi occupo proprio di smaltimento di materiali tossici. Con questa coscienza ambientalista potresti fare carriera nella mia azienda!

S — No, non mi interessa la carriera e soffocherei indossando quelle impeccabili divise da lavoro. Questo è il mio luogo, qui mi sento a casa e posso girare nuda sentendomi a mio agio.

I — L'ho notato, hai davvero un gran bel... luogo! Ma non intendevo interromperti, parlami ancora di questo fiume.

S — Non amo le spiegazioni, io vivo di sensazioni corporee. Sono fusa con lo spazio, l'acqua e la terra. Io stessa sono il fiume, che alimento con queste anfore. Il rigenerare rigenera me stessa. Chiudi gli occhi e immagina un fiume. Dimmi cosa senti.

I — Sento... benessere e una grande freschezza. Come nella mia Jacuzzi, ma questa è un'acqua che scorre libera e pulita.

S — Questa io sono: acqua che scorre libera e pulita. Un fiume che segue il suo corso, orientato dalla propria stella guida. Ognuno ha la sua, e ci viene assegnata nel momento in cui nasciamo. Lo so per certo, poiché io assisto ogni partoriente. Io stessa, oltre che nutrice, sono una partoriente: l'acqua che sembra sgorgare dal mio pube alimenta il fiume delle nascite.

I — Quindi anche io avrei una stella guida? Pensavo di essere l'unico padrone del mio destino. E quale sarebbe la tua stella guida? Qual è la stella di Stella?

S — Il mio personale destino è armonizzare i fiumi di tutte le persone, convogliandoli in un unico grande fiume, facendo sì che questo porti equilibrio e benessere al pianeta, in accordo con la sinfonia delle stelle.

I — Oh, quale sublime ecologa interplanetaria tu sei! Mi ricordi molto una mia amica intima, Temperanza: anche lei ha un gran da fare con quelle anfore e con l'acqua.

S — Io e lei lavoriamo con la stessa modalità amorevole, ma con finalità differenti connaturate al nostro numero.

I — Numeri? Matematica? Finalmente un parlare che mi è gradito! Ti ascolto.

S — La Temperanza è tua amica intima a causa del quattro che ti accomuna a lei. Il quattro è un numero di totalità, ma anche di protezione, di contenimento e di chiusura, come un recinto, come le quattro mura del tuo castello. Quindi la Temperanza agisce per ripristinare e ripulire le acque su un piano individuale, secondo un principio di autoconservazione. Il mio sette è differente. Il sette è un numero che rappresenta la dinamica dell'intero cosmo, il moto dei pianeti, il trascorrere dei giorni secondo il volere delle stelle. Sette sono infatti i giorni della settimana, ispirati ai nomi dei sette pianeti. Il mio agire, ispirato al sette, avviene perciò su un piano cosmico, collettivo, che riguarda tutti gli abitanti della Terra. Vedi quel flusso d'acqua che scorre tra i vasi della Temperanza? Sono dei piccoli rivoli di fiume. Io mi preoccupo di incanalare tutti questi rivoli individuali, ben purificati dall'amica Temperanza, in un grande flusso con il quale irrigare il pianeta. Quando ognuno agisce in sintonia con il rivolo che le stelle gli hanno assegnato, il flusso del grande fiume è ripristinato e l'equilibrio e il benessere della collettività è raggiunto. È lo stesso principio che governa il Cosmo: infinite stelle, tutte diverse tra loro, contribuiscono con i loro singoli moti a un'unica melodia stellare.

I — Di nuovo le tue parole sono tornate a essermi arcane. Puoi farmi un esempio più concreto, tangibile, sperimentabile nella realtà, insomma, un esempio alla mia portata?

S — Max, che sta origliando la nostra discussione, era un musicista, e anche tu lo eri. So tutto anche di te, che cosa credi? Anche se dici di non sognare mai.

I — Io vivo di concretezza. Ma cercherò di fare più attenzione ai miei sogni pur di vedere ancora questo tuo bel luogo. È vero, anche io ero un musicista.

S — Il tuo quattro mi fa ricordare che suonavi il basso.[63] Ti farò allora un esempio musicale. Se hai militato in qualche band, saprai che ogni musicista ha una predisposizione per un particolare strumento: i batteristi, ad esempio, hanno una personalità tutta loro, così come i bassisti, per non parlare dei chitarristi e dei cantanti. Ora, immagina la Temperanza al servizio del batterista: lo aiuta a rendere più fluidi i passaggi e a coordinare la mano destra con la sinistra e la parte alta con la parte bassa del corpo; qui finisce il lavoro della Temperanza. Poi va dal chitarrista, lo aiuta a sciogliere le dita e ad accordare lo strumento, finché trova un bel suono cristallino. E così via per tutti gli altri strumenti.

I — La Temperanza sarebbe un'ottima *roadie*! Continua, hai tutta la mia attenzione.

S — Quando la Temperanza ha concluso il suo lavoro individuale, e gli strumenti sono ben accordati e i musicisti fluidi nell'esecuzione, subentro io: mi assicuro che il gruppo suoni una perfetta melodia, armonizzando le varie parti, affinché dai suoni prodotti dai singoli strumenti scaturisca una musica stellare.

I — Quindi sei una specie di direttrice d'orchestra, o di produttrice musicale!

S — Questo è un modo concreto di rendere l'idea. Ora, ti sarà capitato di ascoltare un gruppo esordiente: nel complesso suonano in modo gradevole, ma di tanto in tanto il cantante stecca, il chitarrista sbaglia l'accordo o il batterista va fuori tempo. Oppure il bassista non riesce a incastrarsi con la batteria in certi passaggi, o i chitarristi fanno a gara a chi alza di più il volume dell'amplificatore. Questo è tollerabile e perfettamente umano, la melodia resta distinguibile, si coglie comunque il senso generale del brano. La Temperanza, con il suo sguardo rivolto al passato,

---

63 Il basso è uno strumento con *quattro* corde.

si occuperà di riascoltare la sessione e di aiutare il singolo musicista a riaccordarsi, che nella mia lingua significa riallinearsi ai battiti del cuore.

I — E cosa succede quando un musicista è una schiappa, uno stonato cronico? Sai quanti ragazzi adorano cantare, ma continuano a stonare anche se i genitori hanno acceso un mutuo a forza di pagargli le lezioni di canto?

S — Se stonare è nella loro natura, allora è perfetto così. Nella mia sinfonia spaziale c'è spazio anche per la cacofonia e per la musica noise. Non tutti nascono Aretha Franklin o Jimi Hendrix: sai che noia sarebbe una sinfonia di sole star, tutte che gareggiano a suon di assoli e virtuosismi, in un'interminabile jam session? La Temperanza opera anche con quelli che tu definisci schiappe; come si suol dire, li aiuta a fare il meglio che possono con gli strumenti che hanno. Ma metti il caso che un musicista si diverta a stonare per tutta la durata del concerto, o a staccare il jack del chitarrista, o ad accavallarsi sistematicamente agli altri musicisti, o a scordare apposta il proprio strumento, e per "scordare" intendo dimenticare la parte che gli è stata da me assegnata. Metti addirittura che questa parte volutamente stonata, con le sue vibrazioni nefaste, corrompa le partiture di altri musicisti e che per scherzo si coalizzino per deformare la mia sinfonia. È come se qualcuno si mettesse a inquinare dolosamente il mio fiume. E non parlo di squali, piranha, o altro genere di pesce ripugnante o letale. Uno può nascere squalo, comportarsi da squalo e morire da squalo. Fa anche questo parte della vita che popola il mio fiume. Non sta a me distinguere tra bene e male, attraverso i miei due vasi la dualità si fonde in un unico flusso. Io parlo di quando si sovverte la propria natura, il proprio *temperamento*, facendosi beffe della Temperanza come un bambino dispettoso. In quel caso scaglio un fulmine. La saetta che colpisce la Torre qui accanto nasce proprio da me. Guai a chi osa corrompere la mia melodia! Guai a chi inquina il mio fiume con rivoli malati e corrotti!

I — Non ti facevo così vendicativa, Stella! Pensavo fosse la Giustizia la sola incaricata a emettere sentenze e infliggere punizioni.

S — La Giustizia sovrintende all'ordine pubblico; intendo dire che commina pene per chi trasgredisce la legge dell'integrità individuale e per chi danneggia gli altri esseri umani. Io intervengo quando a essere danneggiata è la Terra, l'ordine cosmico e la struttura stessa della materia. Da uomo di scienza saprai che il suono produce oscillazioni che influiscono sulla materia. I suoni sono anch'essi materia, come i sogni. Hai mai notato che sogno e suono sono parole che si somigliano? L'essere accordati significa anche operare in accordo agli spiragli di totalità che intravediamo nei sogni.

I — Capisco solo la metà di ciò che dici, sono inondato dal flusso incontenibile dei tuoi discorsi. Ma mi spaventano le conseguenze materiali di cui parli. La materia è la mia principale fonte di occupazione e preoccupazione. E io che ti credevo così innocente, con la testa sognante tra le stelle!

S — Sbagliavi. Io opero nella dimensione della materia, per quanto ispirata dalla sinfonia dei pianeti. Io sono una madre, la matrice della realtà per i corpi incarnati.

I — Che forma materiale hanno questi tuoi fulmini?

S — Nel caso di pochi individui "scordati" che deturpano la mia Terra, cocenti delusioni, depressioni, malattie, incidenti; nel caso di tanti individui coalizzati tra loro, guerre, pandemie, carestie, cataclismi.

I — Ma cosa succede a questi sventurati, stonati malevoli che assaggiano il tuo fulmine? Non c'è alcuna possibilità di redenzione per loro?

S — Non in questa vita, forse nella prossima. Grazie ai miei vasi rimpasto queste anime, reincarnandole in altri ruoli e con strumenti più consoni per il loro nuovo progetto di vita. Nel definire chi sale e chi scende mi aiuta la Ruota.

I — Immagino che in questo meccanismo cosmico le anime stonate siano quelle che scendono; quali sono quelle che salgono?

S — Sono i musicisti meritevoli, quelli che non solo suonano alla perfezione la propria parte, ma che si danno da fare per aiutare gli altri membri, o che addirittura provano a redimere quei suonatori corrotti, riallineandoli alle note della mia melodia celestiale. Sono anime a me care e infatti amo definirle "le aiutanti della Stella".

I — Quale incredibile tribunale cosmico è mai questo!

S — Eh sì, è un vero e proprio tribunale e a presiederlo è la tremenda Luna, nella quale è infuso lo spirito giustiziere e perfezionista dell'otto. Tutte le anime in attesa di reincarnarsi vengono esaminate: due cani ne fiutano rispettivamente i meriti e i demeriti, cioè quanto bene o male hanno ricoperto il ruolo loro assegnato. La Luna, di conseguenza, definisce le radici della coscienza e dell'Inconscio che comporranno la ricetta del nuovo incarnato; le sue torri sono i silos cui attinge per queste due radici. A quel punto io prendo in mano la ricetta e la personalizzo con i vari condimenti, impastando l'anima con polvere di stelle, secondo misure prestabilite, e ripasso la palla alla Luna, che è come un serbatoio di anime in attesa di reincarnarsi, un enorme grembo materno. Per questo la Luna è anche detta la Grande Madre. Io sono il suo canale finale, che collega le nascite alla Terra: io sono la vagina della Grande Madre Luna, e a Lei sono legata per l'eternità.

I — Mi stai sottoponendo a un viaggio interstellare!

S — Lo so, ma tu sei solido per natura. Bisogna fare quadrato saldi nel proprio Ego quando si apprendono certe conoscenze, o si rischia di impazzire. Il Sé può incenerire l'Ego in un battito di ciglia. Anche per questo la Maison Dieu mi è vicina, come monito a non farsi esplodere la testa e a stare sempre con i piedi per terra di fronte a questi insegnamenti cosmici.

I — Non mi è però chiara una cosa, tra le tante. Hai parlato di radici della coscienza e dell'Inconscio e di meriti e demeriti. Ricordo l'esempio degli squali, che anch'essi mi parevano buoni nel tuo ecosistema, o perlomeno non cattivi come coloro che si allontanano volontariamente dalla propria natura. Ma allora, a cosa corrispondono il bene e il male?

S — Questo non lo so neppure io con chiarezza. Solo il Mondo lo sa, si dice che sia al di là del bene e del male. So, però, cosa implica il bene e il male per voi terrestri. Proverò, allora, a condividere con te quello che so, esprimendomi con concetti terra terra. Il bene è agire alla luce della propria coscienza; il male è non agire alla luce della propria coscienza.

I — Quindi il male è agire in modo inconscio? Tu sai quanto mi sia ostico persino pronunciare la parola Inconscio!

S — Diciamolo meglio: è agire in modo inconscio in circostanze dove avremmo tutti gli strumenti per agire alla luce della coscienza. È un terreno per te inconcepibile, ma devi accettare il fatto che in certi frangenti voi umani siete costretti ad agire inconsciamente, come quando dormite o quando certe fantasie si impossessano di voi, per non parlare di quando un automobilista vi taglia la strada mostrandovi il dito medio; lì predomina la luce della Luna e si ha un abbassamento del livello di coscienza difficilmente contrastabile. Sempre umani siete, e non angeli o creature di luce. Il male è quando si agisce in modo inconscio alla luce del Sole. Il male è quello "scordarsi" doloso dei musicisti malevoli. Il male è anche quando si sfrutta l'Inconscio con la volontà cosciente di recare danno agli altri, come nella stregoneria o nella magia nera. Ma la forma di male per me più subdola è quando chi si attribuisce un livello più elevato di coscienza osa chiamare "pecore" o "dormienti" chi ritiene avere un livello di coscienza più basso, espressione a me odiosa: questa è la radice di ogni sopraffazione e di ogni razzismo.

I — Conosco persone che, a proposito di quelli che hanno sofferto tormenti indicibili, parlano di karma e commentano: "Evidentemente hanno compiuto crimini orrendi nelle vite precedenti, e quella era la loro giusta punizione".

S — Lo so, e questo mi fa piangere tutta la notte. Chi si esprime così manifesta i sintomi di un'anima corrotta da insegnamenti corrotti di maestri corrotti. Alcuni di questi maestri si divertono a seminare il dubbio persino sull'esistenza delle camere a gas. La realtà è ben diversa: le anime che soffrono tormenti e supplizi sono le più elette: è stata loro assegnata quella parte perché in grado di sostenere prove strazianti e sovrumane; in molti casi sono le stesse anime elette che si offrono volontarie per questi ruoli atroci.

I — Sento il bisogno di una sintesi, vediamo se ho compreso fino a qui. Diciamo che uno si è comportato male nel senso da te spiegato. La Luna lo giudicherà a suo modo colpevole e quindi assemblerà una nuova "ricetta" per la prossima reincarnazione, rimescolando le radici della coscienza e dell'Inconscio. Secondo quale misura?

S — Non esiste una formula matematica, di questo se ne occupa la Luna con il suo invisibile bilanciere. Io però riscontro che le persone che nella vita precedente si sono comportate bene le partorirò con una dose maggiore di coscienza; le altre, con una dose minore. Nei casi limite la dose di coscienza è ridotta ai minimi termini e lì mi sbizzarrisco nello scegliere gli involucri per le anime da reincarnare: molluschi, tarli, granelli di sabbia, lenticchie, bucce di mele, calli e duroni, bulloni, sigarette, tappi di sughero...

I — Ok, ho afferrato il concetto!

S — ... bossoli di proiettile, peli del naso, microchip, saliva di lepre, gusci di cozza, e tanto, tanto altro! In questi casi la vita di queste anime sarà prevalentemente o totalmente dominata dall'Inconscio. Ma considera che un'anima saggia troverà il modo di eccellere anche nel ruolo di un tappo di sughero! Ora perdonami, è quasi mezzogiorno, mi si scuoce la pasta e devo sfamare tutti gli abitanti di questo bel villaggio, che poi sarebbero le varie parti di Max. Non sai che fame gli viene quando inizia a svegliarsi!

I — Già, il sogno di Max! Tutto è nato quando ti ho chiesto se avevi bisogno di aiuto...

S — Avrai notato che tendo a divagare e a crogiolarmi nella mia dimensione sognante rapita dagli influssi stellari, ma è sempre saggio tornare a farsi un bagno di realtà. Vedo che hai portato un ottimo condimento, due vasetti di bottarga di quella tua leggendaria spaghettata. Solo il cielo sa le risate che mi sono fatta quando Max ha provato a replicare la tua ricetta nella sua cucina, con la fetecchia che ne è derivata; come diresti tu, Max è proprio una schiappa in cucina! È sempre la conseguenza del suo basso livello di imperatoraggine: scarsa attitudine a lavorare con la materia e ad avere le mani in pasta.

I — Quindi dietro al simbolo della bottarga emerge questa lacuna di Max?

S — Non solo. Il simbolo ha sempre uno spesso strato di possibili significati. Prova a scavare ancora, giungendo al nucleo essenziale del simbolo con quella tecnica investigativa che hai sfoggiato nel sogno dei mandarini marci. Come descriveresti la bottarga?

I — È un alimento che si estrae dal tonno.

S — E che cos'è un tonno?

I — Un pesce commestibile.

S — Quindi è una creatura acquatica che può essere pescata e divenire nutrimento, se la si sa lavorare con la tua arte, estraendone alimenti prelibati come la bottarga. La Luna insegna che dalle acque dell'Inconscio provengono pericoli ma anche prodotti commestibili, cioè assimilabili, integrabili dalla coscienza. Ma vanno ben lavorati e valorizzati, e per questo è cruciale aver raggiunto lo stadio dell'Imperatore. Altrimenti non si sa quali pesci pigliare, oppure, per fretta o imperizia, si rischia di pescare pesci velenosi o di mangiarsi pesci crudi; un gastronomo come te saprà che esiste un'arte anche per cucinare il sushi e che si rischia di morire se si affetta un pesce palla nel modo sbagliato. Quindi il sogno vuole anche comunicare a Max che ci vuole concretezza e sobrietà nel cogliere e assimilare i prodotti dell'Inconscio. Cosa che non credo farà – ah, come lo conosco! – quando scriverà le pagine di questo dialogo, con tutto questo minestrone di coscienza, Inconscio, bene e male, reincarnazione, ricette di cucina... Aiutami ora, versa il contenuto dei tuoi vasetti nelle mie prodigiose anfore, gli spaghetti sono cotti.

I — A proposito! Questo non mi rende degno di essere annoverato tra gli eletti "aiutanti della Stella"?

S — Ihihih! Non ci provare, Imperatore, per te è già pronta la reincarnazione in un tappo di sughero. Ma considerando il tuo aiuto metterò una buona parola per te e farò in modo che sia il tappo di uno Chateau Cheval Blanc. Scherzo, mio buon amico.

I — Che fortuna ho avuto a imbattermi nella tua cucina da chef stellata! Ho inoltre compreso che un sogno apparentemente banale può nascondere significati profondi, se lo si sa approcciare con cura e maestria, come ho fatto io con la bottarga.

S — Tutto questo fa ancora parte dei vari significati stratificati del sogno: non è saggio lasciarmi lavorare da sola, altrimenti tutto si riduce a un meccanismo perfetto, ma regolato dagli astri, senza libero arbitrio. Bisogna aiutare la povera Stella, presentandosi con ingredienti raffinati ed elaborati in autonomia, mettendoci del proprio. Se tu aiuti la Stella, la Stella ti svelerà i segreti del Cosmo, oltre che del tuo destino personale. Fai bene attenzione ai tuoi sogni d'ora in poi: accanto agli insegnamenti personali, cerca di trarre degli insegnamenti cosmici, vale a dire, validi per tutta l'umanità e per il benessere della Terra. Anche questo significa essere buoni aiutanti della Stella. Racconta i tuoi sogni, condividili con chi hai sognato, lavoraci sopra a quattro mani. Il sogno del singolo può offrire consigli vitali per tutta la collettività, perché siamo tutti segretamente collegati in questa strana materia che è l'Inconscio collettivo. Ora basta chiacchiere, è pronto in tavola!

Appendice

LA TECNICA DI ONIROTAROLOGIA

In questa sezione provo a sintetizzare la metodologia alla base dell'OniroTarologia, il metodo che utilizza i Tarocchi per interpretare i sogni, rimandando per ogni approfondimento al testo già citato nell'introduzione o ai miei video-corsi.[64] Ciascun sogno riportato in questo libro è stato, infatti, tradotto in una sequenza di Arcani Maggiori che ne riflette i personaggi, gli accadimenti e la simbologia sottostante.

Faccio notare che la pratica di OniroTarologia può essere applicata sia per interpretare i propri sogni, sia per interpretare sogni di altre persone; in questo caso la procedura di seguito suggerita verrà svolta con la collaborazione attiva della persona protagonista del sogno.

Ecco riassunta in otto step la procedura onirotarologica.

64 Per tutte le informazioni sui miei video-corsi, visitare il sito https://onirotarologia.com/

1) Ricordare il sogno e trascriverlo

✳ L'esercizio verrà sempre più naturale e fluido con la pratica. La semplice intenzione di voler annotare il proprio sogno al risveglio rafforza il ricordo onirico anche per chi (erroneamente) afferma di non sognare mai. È utilissimo a questo scopo trascrivere i sogni in un diario dedicato (personalmente preferisco questa opzione, perlomeno per i sogni che mi hanno colpito di più), ma esistono numerose app di *dream journaling* per registrarli su smartphone o PC.

✳ Utilizzare sempre il tempo presente, come se si stesse rivivendo il sogno mentre lo si trascrive.

✳ Assegnare un titolo al sogno, che sia evocativo, fiabesco, intrigante.

✳ Nel caso di due o più episodi o frammenti onirici prodotti durante la stessa notte, è opportuno valutare se si tratti di un unico lungo sogno oppure se abbiamo a che fare con singoli sogni separati. Se riusciamo a trovare connessioni che legano i vari frammenti, suggerisco di applicare un'unica procedura onirotarologica, altrimenti ogni frammento andrebbe approcciato come sogno a sé stante. Tuttavia, scopriremo che spesso sarà sufficiente considerare tutti i frammenti (anche se apparentemente disconnessi) come parte di un unico sogno, in quanto vengono replicate le stesse dinamiche simboliche. È quello che accade nel mio sogno del 16 gennaio: il mazzo di Tarocchi dimezzato. Mi apparivano inizialmente come frammenti scollegati, ma lavorando sulle analogie e sulle emozioni sono riuscito a ricondurli a un'unica trama onirica.

2) "Spezzettare" il sogno

✳ Suddividere il racconto del sogno in singoli "blocchi", affidandoci agli atteggiamenti e alle emozioni suscitate. Nel Libro Grosso ho evidenziato i blocchi semplicemente andando a capo nella trascrizione di ciascun sogno.

✳ Idealmente, a ogni blocco corrisponderà una singola azione o una situazione emotiva e simbolica ben determinata.

3) Individuare gli Arcani Maggiori di riferimento

✳ Associare a ogni blocco i possibili Arcani "candidati" per descrivere la situazione onirica, lavorando sulle associazioni, gli atteggiamenti e i contenuti simbolici.

✳ Domande chiave per orientare la scelta:

Come descriverei, in modo molto elementare (come se stessi parlando a un bambino), quello che accadeva nel sogno?

Come mi sentivo in quella situazione?

Quali atteggiamenti stavo assumendo?

Con quale Ombra mi stavo confrontando?

Quali figure Anima/Animus erano presenti?

Che emozioni ho provato al risveglio?

Perché ho avuto questo sogno[65] in questo particolare

65 Espressione che lo stesso Jung invita ad adottare rispetto a "ho fatto un sogno". "Avere un sogno" ne valorizza il senso, come un dono prezioso da accogliere.

momento della mia vita?

Quale azione, quale dinamica emerge nel sogno che ho riscontrato spesso nella mia vita?

Considerando quanto emerso dalle domande precedenti: a quale Arcano potrei associare quel personaggio, quella situazione, quell'oggetto del sogno?

✳ In pratica, estraiamo i possibili Arcani candidati dal mazzo e li collochiamo sul tavolo, osservandone tutti i particolari con calma e attenzione. Gli Arcani che assorbono il maggior numero di associazioni e di riferimenti simbolici coerenti con il sogno andranno privilegiati nella rappresentazione di un blocco onirico; alle volte potrà essere un *click* scaturito dalla semplice osservazione a farci selezionare l'Arcano più appropriato!

✳ Alla fine di questo processo, andremo a selezionare un Arcano per ogni blocco del sogno, ma nelle situazioni più complesse potremmo avere bisogno di utilizzare due (raramente tre) Arcani per sviscerare tutto il contenuto simbolico di una particolare situazione, lavorando sulla dinamica innescata dall'accostamento delle varie Lame. Spesso la densa simbologia di un solo Arcano sarà sufficiente per spiegare un solo blocco, anche se formalmente complesso, se non addirittura un sogno intero (come nel sogno del'11 gennaio 2023: la stangona e Bailey, o nel sogno del bambino miracoloso).

✳ Molto spesso i blocchi saranno interconnessi e la scelta di un Arcano per descrivere un particolare blocco potrà essere facilitata dalla conoscenza di quanto accadrà nei blocchi successivi. In questo senso, l'Arcano corrispondente a un blocco potrà talvolta contribuire ad anticipare e accorpare la simbologia del blocco successivo.

✳ Nel caso di accadimenti onirici che si ripetono, seppur in forma diversa, nello stesso sogno, basterà determinare l'Arcano (o gli

Arcani) di riferimento una volta per tutte. In linea di principio, in una stesura non saremo mai costretti a utilizzare due volte lo stesso Arcano. L'unica eccezione riguarda i sogni che si concludono replicando la stessa dinamica iniziale. Siamo allora di fronte a un cerchio il cui Arcano iniziale coincide con quello finale, una situazione onirica davvero emblematica che sembra suggerire un percorso ciclico compiuto dal nostro Io onirico (fenomeno che potrebbe tirare in ballo la simbologia del Matto).

4) Costruire la sequenza definitiva

✳ Dopo aver associato gli Arcani a ogni blocco del sogno, costruire una sequenza di Lame, collocandole l'una accanto all'altra, da sinistra verso destra, non necessariamente seguendo l'ordine dei blocchi del racconto onirico; fondamentale è che la dinamica espressa dalla sequenza di Arcani scelta sia coerente con lo sviluppo del sogno e con la sua dinamica (vedi anche il punto 6 della procedura).

✳ Ad esempio, nel sogno della lanterna controvento, la sequenza Eremita-Diable corrisponde *anche* all'ordine dei due blocchi in cui ho suddiviso il sogno, ma può essere un episodio incidentale: quella che mi premeva rappresentare era l'idea del Diable alle spalle dell'Eremita, coerentemente con la dinamica generale espressa dal sogno, con Jung che avverte alle sue spalle un'inquietante presenza.

5) Utilizzare il completamento simbolico

✳ Il "completamento simbolico" riguarda l'integrazione del simbolismo di una particolare scena del sogno con quello del relativo Arcano che la descrive: è una sorta di amplificazione junghiana. In pratica si sfruttano tutte le connotazioni simboliche e grafiche di un Arcano per completare il significato di una scena del sogno e stimolare il dialogo tra Inconscio e Io cosciente. Ad esempio, se associassimo un blocco onirico all'Arcano della Giustizia, il completamento simbolico potrebbe stimolare le seguenti intuizioni: a che cosa corrisponde la spada della Giustizia? Quali sono le punizioni che nel sogno riceverei se disobbedissi al suo potere? A cosa corrisponde la bilancia della Giustizia? Su quali elementi vengo giudicato nel sogno per decretare il successo o la punizione?

✳ La pratica consiste, dunque, nel ripercorrere ogni blocco del sogno osservando l'Arcano di riferimento e applicare la pratica del completamento simbolico per stimolare l'intuizione grazie agli insegnamenti che le immagini dei Tarocchi ci possono trasmettere.

✳ In questo percorso è cruciale scovare le Ombre e gli Alleati, ovvero i lati inconsci della nostra personalità che potremmo integrare. Se, ad esempio, un blocco fosse associato all'Imperatore, ricerchiamo le caratteristiche di questo Arcano che potrebbero arricchire la nostra personalità cosciente (es: stabilità materiale, concretezza, solidità, ecc.).

6) Esaminare la dinamica onirotarologica e numerologica[66]

✳ Ripercorrere la sequenza di Tarocchi nel suo complesso, lavorando sulla "dinamica onirotarologica": che relazione intercorre tra gli Arcani messi l'uno accanto all'altro? Dove guardano i personaggi? Quali oggetti si ripetono? In che modo gli Arcani si somigliano o differiscono tra loro?

✳ Osservare la sequenza numerologica: le Lame sono ordinate o sono disordinate? La sequenza mostra un'evoluzione nel grado degli Arcani o si assiste a una regressione?

7) Formulare l'interpretazione onirotarologica

✳ Osservare la stesura definitiva e provare a descriverla con una frase sintetica.

✳ Ad esempio, per interpretare la sequenza I-V-VIII potremmo commentare: il mio lato pratico (Bateleur), alleandosi con la saggezza del Papa, porta a una situazione di solidità e di equilibrio (Giustizia). Se la sequenza fosse VII–IIII–0, l'interpretazione potrebbe essere: la mia padronanza della situazione (Carro) si è scontrata con la mancanza di solidità materiale (Imperatore), facendomi perdere di vista il mio obiettivo (Matto).

✳ Nel formulare l'interpretazione di sintesi, consideriamo che il compito dei sogni non è offrire soluzioni, ma evidenziare interrogativi di cui prendere coscienza o potenzialità da cogliere.

---

66 Su questo aspetto invito a fare riferimento al celeberrimo *La via dei Tarocchi* (A. Jodorowsky e M. Costa, Feltrinelli, 2014).

8) Porsi un obiettivo pratico

✳ Formulata l'interpretazione, occorre passare all'azione, formulando uno o più obiettivi pratici ad alto contenuto simbolico, come a voler rispondere al messaggio del sogno che abbiamo colto.

✳ Un esempio è riportato tra i miei appunti a seguito del sogno del 15 gennaio (la festa di Filippo Graziani), dove mi pongo come obiettivi pratici il portare a riparare i miei vecchi stivali da rocker e il riprendere in mano la chitarra per strimpellare una canzone per Cipollina.[67]

---

67 Sono troppo felice di aver concluso "incidentalmente" questo testo nominando la mia fedele compagna di scorribande tarologiche, la mia amata Cipollina! Potete vederla in azione assieme a me sul mio canale Instagram: https://www.instagram.com/onirotarologia/

INDICE

www.ingramcontent.com/pod-product-compliance
Ingram Content Group UK Ltd.
Pitfield, Milton Keynes, MK11 3LW, UK
UKHW062306290726
14090UKWH00018B/913